FORSCHUNGSBERICHTE
DES WIRTSCHAFTS- UND VERKEHRSMINISTERIUMS
NORDRHEIN-WESTFALEN

Herausgegeben von Staatssekretär Prof. Leo Brandt

Nr. 90

Forschungs-Institut der Feuerfest-Industrie, Bonn

Das Verhalten von Silikasteinen im Siemens-Martin-Ofengewölbe

Als Manuskript gedruckt

Springer Fachmedien Wiesbaden GmbH

1954

ISBN 978-3-663-19989-2   ISBN 978-3-663-20339-1 (eBook)
DOI 10.1007/978-3-663-20339-1

Forschungsberichte des Wirtschafts- und Verkehrsministeriums Nordrhein Westfalen

G l i e d e r u n g

1. Einleitung . . . . S. 5
2. Problemstellung . . . . S. 7
3. Das Verhalten von Silikasteinen verschiedenen
   Umwandlungsgrades im Siemens-Martinofen-Gewölbe . . . . . . S. 12
4. Der Verschleiß der Silikasteine im Siemens-
   Martinofen . . . . S. 22
5. Literaturverzeichnis . . . . S. 48

Forschungsberichte des Wirtschafts- und Verkehrsministeriums Nordrhein Westfalen

1. Einleitung

Silikasteine werden im Siemens-Martinofen bis wenige Grade an ihren Schmelzpunkt beansprucht. Die Stahlwerke haben daher schrittweise die Abnahmebedingungen gegenüber den Angaben in den Normen verschärft. In erster Linie wurde die Temperatur der Druckfeuerbeständigkeit als Kennzeichen der Qualität so knapp bis an den Schmelzpunkt erhöht, daß es fraglich erscheint, ob eine ordnungsgemäße Durchführung der Prüfung noch möglich ist und ob solchen Werten überhaupt noch eine technische Realität zukommt.

In der folgenden Tabelle 1 sind verschiedene Abnahmebedingungen gegenübergestellt. Zu bemerken wäre, daß die t_a-Werte aus den Vergleichsversuchen innerhalb des Deutschen Fachnormenausschusses am gleichen Stein zwischen $1670°$ und $1710°C$ lagen; innerhalb eines Prüflabors schwanken die Werte allerdings nur geringfügig. Da Temperaturwerte normengemäß auf $10°$ abzurunden sind, wird man auch bei einer weiteren Entwicklung der Meßtechnik nicht unter eine Toleranz von $\pm 10°$ kommen. Bei sehr scharfen Anforderungen kann daher der Druckfeuerbeständigkeitswert allein aufgrund der Meßtoleranz kein Qualitätsmaß sein.

Das Gefühl, daß die Prüfwerte der Silikasteine nur ungefähre Rückschlüsse auf die Güte, dh. die Haltbarkeit zulassen, führte zu den Untersuchungen von SPEITH[1] über den sogenannten Tropfpunkt; Silikasteine im Siemens-Martinofen zeigen bei einer bestimmten Temperatur ein Aufglänzen bzw. eine beginnende Tropfenbildung. Diese Temperatur wechselt wohl von Steinqualität zu Steinqualität, bleibt aber während einer Ofenreise konstant; sie liegt bei flußmittelarmen Silikasteinen im allgemeinen unter, bei flußmittelreichen Steinen über dem entsprechenden Druckfeuerbeständigkeitswert.

Der Verschleiß wechselt von Siemens-Martinofen zu Siemens-Martinofen: er ist abhängig von der Ofentype, der Temperaturverteilung, der Herdflächenbelastung, dem Einsatz und den zu erschmelzenden Stahlqualitäten und damit vom nicht zu vermeidenden Wechsel im Erzeugungsprogramm und von der Arbeitsweise der Bedienungsmannschaft. Vergleichende Schlüsse über die Haltbarkeit von Silikasteinen bei Abänderung bestimmter Eigenschaften sind daher äußerst schwierig. Bezeichnenderweise sind auch

Forschungsberichte des Wirtschafts- und Verkehrsministeriums Nordrhein Westfalen

Tabelle 1

Abnahmebedingungen an Silikasteinen für Gewölbe von SM-Öfen

	DIN 1088	Vorschriften in Deutschland 1944	vereinzelt von dtsch. Stahlwerken gefordert	Vergleichsuntersuchungen zum ta-Wert (FNM)	Frankreich *)	Frankreich **)	USA ***)
SiO_2	über 94,5 %				üb. 94,5		üb. 97,0 %
$Al_2O_3 + TiO_2$	max. 2,0 %				max. 2,0	0,5–2,5	max. 1 % (Al_2O_3)
CaO	max. 3,5 %				max. 2,5	1,5–2,5	2,0 %
SK	32/33			1700° 1690°	32/33	32/33	—
ta	über 1630°	üb. 1670°	über 1690°	1690° 1670° 1710° 1690°	üb. 1650°		
Porosität	max. 25 %	max. 20 %	max. 22 %		max. 25 %	21 %	
spez. Gew.	max. 2,38 bis 2,43	2,40 – 2,45	max. 2,45		max. 2,40 bis 2,45	2,35–2,40	2,33–2,36
Längenänderung (bis 1000°)	—	—	—	—	—	1,5 %	
Nachwachsen (1600°)	—	—	—	—	max. 1,7%	max. 2 %	
KDF	üb. 100 kg/cm²	350 kg/cm²	üb. 200 kg/cm²		üb. 150 kg/cm²	150 – 250 kg/cm²	

*) nach HALM
**) nach LETORT
***) nach L.A. SMITH

Forschungsberichte des Wirtschafts- und Verkehrsministeriums Nordrhein Westfalen

größere im Ausland durchgeführte vergleichende Untersuchungsreihen bisher häufig ohne klare Schlußfolgerungen geblieben[2].

2. Problemstellung

Die wechselnden Bedingungen am Siemens-Martinofen machen es dringend wünschenswert, klare Beziehungen zwischen dem Aufbau und den Eigenschaften des Steins einerseits und seinem Verschleißverhalten bzw. seiner Haltbarkeit andererseits aufzustellen. Grundsätzlich bestimmen Zusammensetzung und Gefüge des Silikasteins - bei vergleichbaren Verhältnissen im Ofen - die Haltbarkeit.

Die Bedeutung der Zusammensetzung, dh. der chemischen Analyse tritt durch die verschärften Anforderungen neuerdings stärker hervor (KRANER[3], BIRCH[4]) und führte zu dem Begriff der "super-duty"-Silikasteine. Insbesondere der Al_2O_3-Gehalt beeinflußt bei vorgegebener Temperatur den Anteil an Schmelze im Silikastein sehr stark (Abbildung 1)[5]. Oberhalb 1550°C nimmt der Anteil an Schmelze rasch zu; bei etwa 1650°-1670°C ist im allgemeinen die Hälfte des Silikasteins geschmolzen. Der Einfluß des Al_2O_3-Gehaltes auf das Erweichungsverhalten wird damit erklärt, doch sind bei Anteilen unter 1 % Al_2O_3 die Erweichungstemperaturen innerhalb der Meßgenauigkeit zusammengedrängt. Nach amerikanischer Auffassung ist TiO_2 ebenso schädlich, die Alkalioxyde sind es sogar in erheblicherem Maße [3,4,6].

Ob und in welchem Umfang dieser Begriff der "super-duty"-Silikasteine zu Recht besteht, erscheint nach neueren Betriebsergebnissen noch ungeklärt[7], doch scheint nach Auswertung verschiedener Versuche, insbesondere jener von L.HALM[8] ein Schmelzanteil von etwa 50 % zu einem Erweichen bis zum Fadenziehen zu führen.

Die Druckfeuerbeständigkeit ist ein durch Konvention festgelegter Prüfwert. Das Erweichen wird von mehreren Faktoren beeinflußt; als pseudoplastisches Fließen ist es nicht nur von der Belastung, sondern auch von der Prüfzeit abhängig. Schmelzanteil, Viskosität und Verzahnung der Kristalle bestimmen die Verformungsgeschwindigkeit unter Last bei erhöhter Temperatur. Je geringer der Flußmittelanteil ist, bei desto höherer Temperatur entwickelt sich die gleiche Schmelzmenge, desto deutlicher muß der Einfluß der Verzahnung der Kristalle hervortreten.

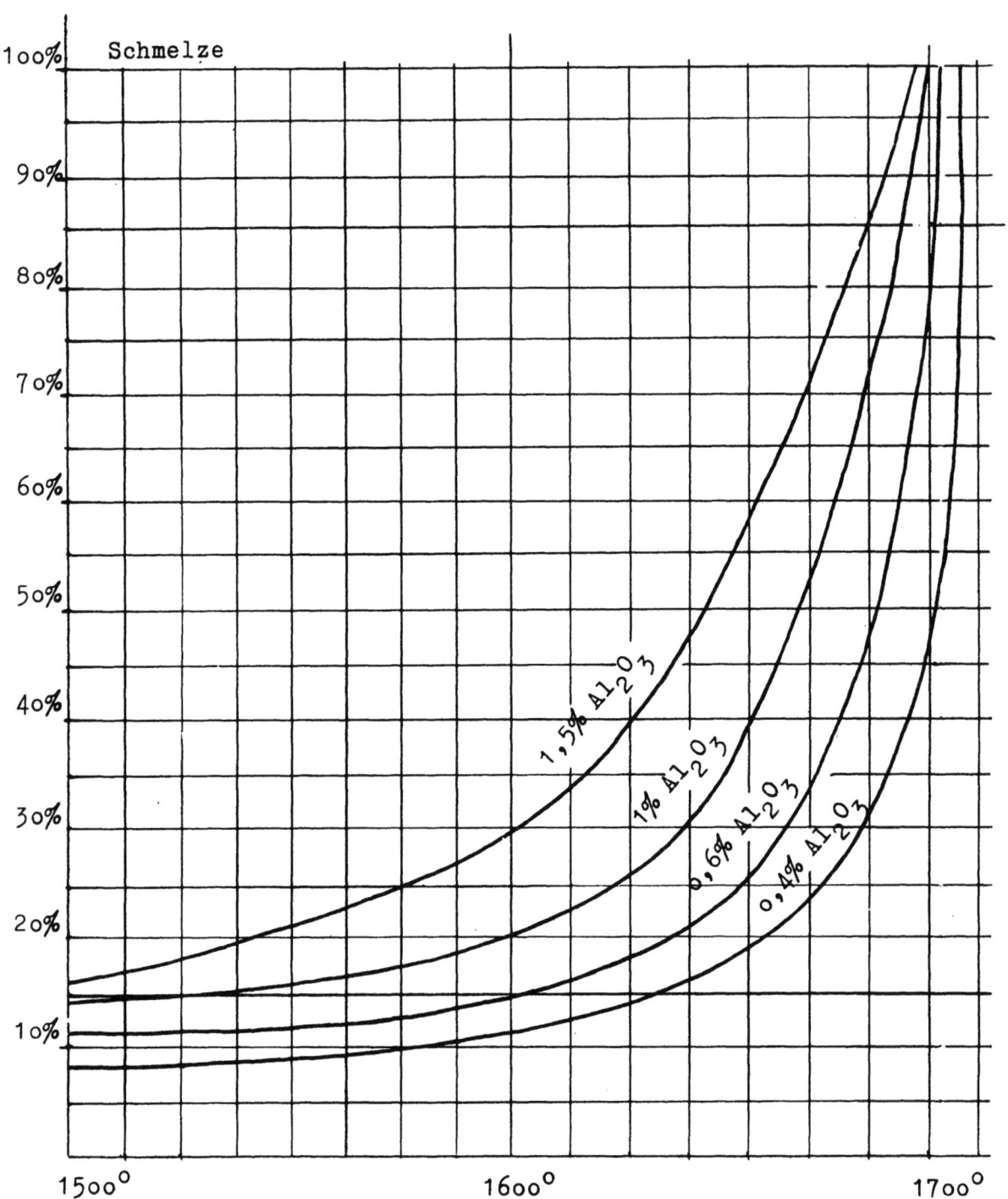

Abbildung 1

Schmelzanteile im System CaO - Al_2O_3 - SiO_2 mit 2 % CaO und wechselnden Al_2O_3-Gehalten

Forschungsberichte des Wirtschafts- und Verkehrsministeriums Nordrhein Westfalen
---

Mischungen von SiO_2 mit CaO, MgO, FeO, MnO werden durch eine sehr breite Mischungslücke im Temperaturgebiet von $1685°-1695°C$ gekennzeichnet, während im Gegensatz dazu Alkalioxyde die Schmelztemperatur kontinuierlich herabsetzen, und TiO_2 in beschränktem Umfang feste Lösungen mit SiO_2 bildet (Abbildung 2). Auch wird die Mischungslücke mit FeO und CaO durch weitere Komponenten, insbesondere durch Al_2O_3 beträchtlich vermindert; andererseits wird die Mischungslücke mit FeO durch Fe_2O_3 wesentlich verbreitert (Abbildung 3). Die breite Mischungslücke ist die Ursache, daß der Silikastein gegen Eisenoxyde relativ beständig ist. Die abrinnende Schlacke bzw. die Tropfen haben einen SiO_2-Gehalt von 65 - 80 %[9], was 1/2 bis 1/3 geschmolzenem Anteil entspricht.

Außer der Zusammensetzung der Silikasteine ist ihr Porenaufbau, gekennzeichnet durch Porenraum und Porengestalt, für den Verschleißvorgang entscheidend. Ein großer Porenraum ist ungünstig, doch erheben sich auch warnende Stimmen, daß ein zu niedriger Porenraum möglicherweise eine stark erhöhte Empfindlichkeit gegen Temperaturwechsel zur Folge haben könnte. Porengröße und Porengestalt werden weitgehend durch die Permeabilität beschrieben. Nach allgemeiner Auffassung geht ein hoher Permeabilitätswert einem starken Angriff parallel[10, 11].

Quarz bzw. Quarzit wandeln sich bekanntlich unter Volumenvermehrung in Cristobalit und Tridymit um, wobei das spez. Gewicht von 2,65 bis zu 2,33 absinkt. Steine mit nicht vollständiger Umwandlung zeigen oberhalb $1300°$ bis $1400°C$ ein deutliches Nachwachsen. Um Steine genügender Volumstabilität zu erhalten, hat man daher die Werte für das spez. Gewicht begrenzt, doch wurde immer wieder von Seiten der Stahlwerke darauf hingewiesen, daß Steine mit nicht vollständiger Umwandlung sich eher günstiger erwiesen; in Deutschland bevorzugen die Stahlwerke deutlich Steine mit einem spez. Gewicht von 2,40. Verschiedene Vergleichsversuche führten bisher zu keinem eindeutigen Ergebnis[2], sei es, daß die Bedingungen im Ofen bei den Vergleichsreihen zu unterschiedlich waren, sei es, daß verschiedene Rohstoffe für die Steine verwendet wurden.

Wenig Beachtung hat bisher die Bedeutung der Oberflächenspannung bei der Einwirkung der Schlackenbestandteile gefunden. Die Tatsache, daß tongebundene Silikasteine bzw. Quarzschamottesteine mit eisenarmen Schlacken nur schmale Reaktionszonen ergeben, während CaO- gebundene Steine von

Forschungsberichte des Wirtschafts- und Verkehrsministeriums Nordrhein Westfalen

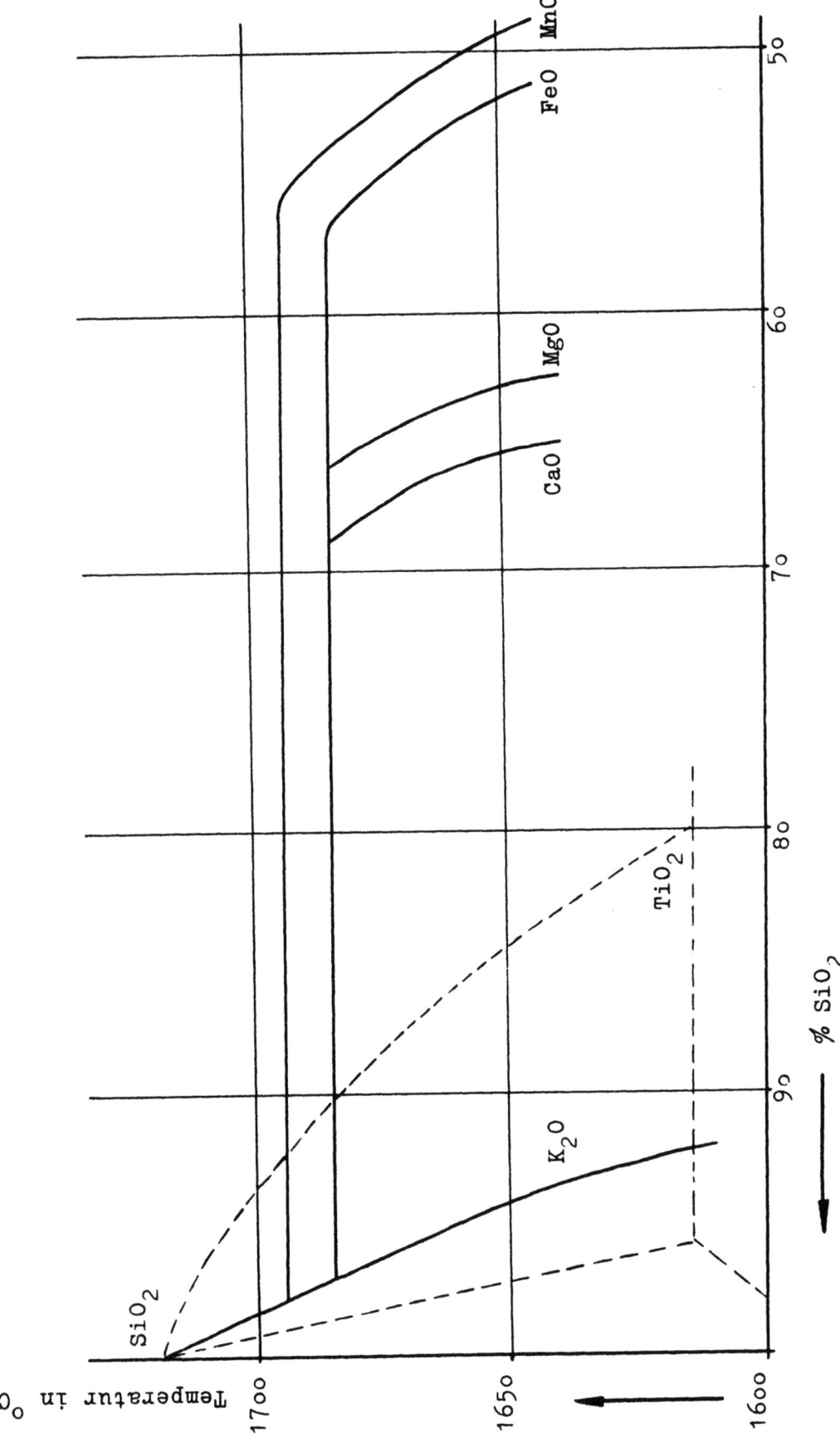

Abbildung 2
Schmelzverhalten von SiO_2-Oxydgemischen

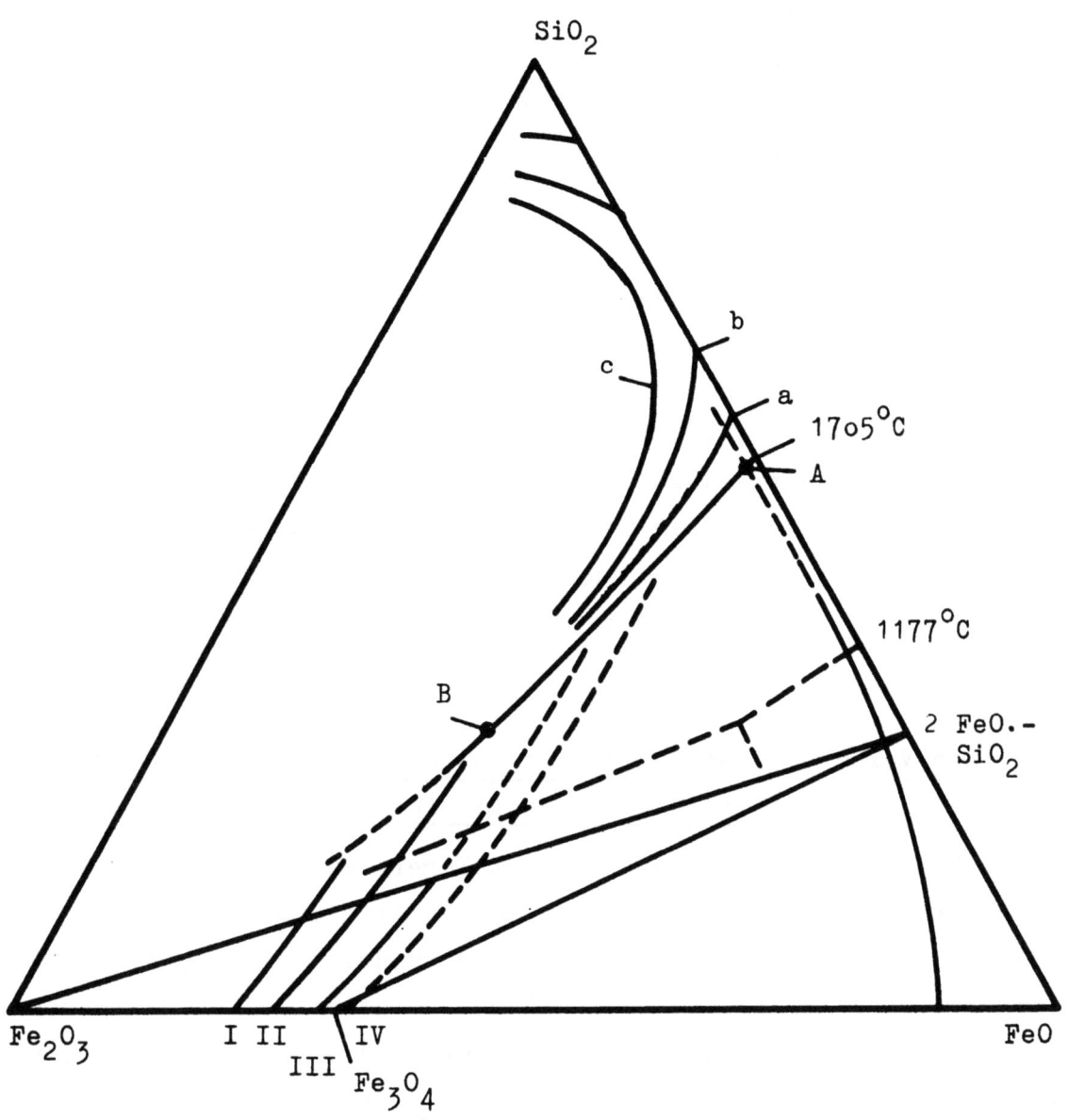

Abbildung 3

Forschungsberichte des Wirtschafts- und Verkehrsministeriums Nordrhein Westfalen

der gleichen Schlacke tief getränkt werden[12], ist in dieser Richtung ein wichtiger Hinweis.

Der ganze Fragenkomplex des Verschleißvorganges und welche Prüfwerte ein Gütemaßstab sein können, ist nur durch Studien über das Verhalten der Steine im Siemens-Martinofen zu lösen. Alle Prüfwerte haben ja den Nachteil, daß sie aus kurzfristigen Versuchen gewonnen und bei homogener Temperatur durchgeführt werden. Die Veränderungen, die durch das Temperaturgefälle und die Verschlackung im Stein entstehen, sind gänzlich andere, aus den Prüfwerten bei homogener Temperatur nicht direkt ableitbare Vorgänge. Die offenen Probleme, die durch den Begriff des Tropfpunktes noch vermehrt werden, waren der Anlaß, daß seitens des Forschungsinstituts der Feuerfest-Industrie gemeinsam mit Werken der Stahlindustrie Vergleichsversuche auf breiter Grundlage begonnen wurden. Schrittweise sollte die Bedeutung des Umwandlungsgrades, der Verunreinigungen, des Erweichungsverhaltens, der Porosität und der Grenzflächenkräfte geklärt werden.

3. Das Verhalten von Silikasteinen verschiedenen Umwandlungsgrades im Siemens-Martinofen-Gewölbe

Die Frage ob ein Silikastein mit nur mittlerer Umwandlung (2,40 bis 2,45) bei sonst tunlichst gleichen Voraussetzungen sich besser oder schlechter verhält als ein nahezu vollständig umgewandelter Stein, wurde zuerst studiert. Die Lösung dieses Problems gestattet es, die weiteren Schlüsse über Zusammensetzung und Porosität eindeutiger zu gestalten und den Einfluß der nicht vermeidbaren Schwankungen des spez. Gewichts innerhalb einer Lieferung zu beurteilen. Die Entscheidung, welcher Umwandlungsgrad tragbar ist, hat eine große wirtschaftliche Bedeutung, da insbesondere die reinen Quarzite - bei vollständiger Umwandlung zu erhöhtem Ausschuß führen und eine mittlere Umwandlung selbstverständlich eine Ersparnis an Brennstoffkosten bedeutet. Es können auch in diesem Zusammenhang Fragen der Gewölbekonstruktion eine Rolle spielen.

Zur Ausschaltung des Einwandes, daß Steine aus verschiedenen Quarzit-Vorkommen nicht miteinander verglichen werden können, wurden die Steine aus der anfallenden Produktion, also aus gleichem Rohstoff und gleicher Herstellung, nach Augenschein und Maß in gut und mittelmäßig umgewandelt getrennt, entsprechend gekennzeichnet und die beiden Steintypen jeweils in eine Hälfte des Hauptgewölbes eingebaut.

Es stellte sich im Verlauf der Versuche heraus, daß es bei einem solchen Einbau schwierig ist, eindeutig auszuschließen, daß der Ofen nicht nach einer Seite zieht. Andererseits ist damit ausgeschaltet, daß z.B. wie bei Streifen, die Steine der einen Art die Nachbarsteine der anderen Art direkt oder durch Veränderungen der Strömung am Gewölbe beeinflussen; auch konnte bei geteiltem Gewölbe die Bewegung jeder Hälfte durch Nachlassen der Anker entsprechend aufgenommen werden.

Für die Vergleichsversuche wurden 4 Hersteller von Silikasteinen (A, B, C, D,) herangezogen und jeweils Steine einer Firma in einem Siemensmartinofen eingebaut (Stahlwerke M,N,O,P), wobei durch das Fehlen von Firmenkennzeichen die Beobachtungen unbeeinflußt und neutral waren. Die Aufteilung der Versuche mit Steinen guter und mittlerer Umwandlung auf vier Steinsorten und die Erprobung in vier Stahlwerken schließt aber bei einem übereinstimmenden Verhalten zufällige Einflüsse bei der Herstellung oder vom Siemens-Martinofen bzw. der Stahlherstellung herrührend praktisch aus.

Die Prüfwerte der 4 Silikasteinsorten sind in Tabelle 2 aufgeführt. Die Werte für die Druckfeuerbeständigkeit sind praktisch gleich, die Analysenwerte lassen keine hervorstehenden Unterschiede erkennen; der Porenraum ist jeweils für die Steine mit mittlerer und guter Umwandlung gleich (21 % bzw. 19 %), wobei die Steine mit geringer Umwandlung wie zu erwarten die niedrigere Porosität aufweisen. Kaltdruckfestigkeit und die reversible Ausdehnung liegen innerhalb der üblichen Grenzen; das Nachwachsen ist größer bei geringerer Umwandlung, dh. bei höherem spez. Gewicht (Abbildung 4).

Die Bedingungen an den Siemens-Martinöfen sind aus Tabelle 3 ersichtlich. Das Anheizen erfolgte in der für jedes Werk gebräuchlichen Art (Abbildung 5). Wie aus den Kurven in Abbildung 5 zu ersehen ist, sind die Anheizgeschwindigkeiten der deutschen Öfen weitgehend gleich. In der englischen Praxis wurde genau wie in der deutschen verfahren, so daß auch die Anheiz-Kurven der englischen Öfen sich mit denen der deutschen deckten. In den USA wird aber in einer sehr verkürzten Zeit angeheizt, wie die

Tabelle 2
Prüfwerte von Silikasteinen

	A	B	C	D
SiO_2	95,5	95,6	95,9	95,2
Al_2O_3	0,8	1,0	0,65	0,8
TiO_2	0,9	0,55	0,50	0,7
Fe_2O_3	0,8	0,8	0,65	0,7
CaO	1,85	1,75	1,80	2,4
MgO	0,08	0,10	0,08	0,08
Alkalien	0,08	0,22	0,37 – 0,23	0,15
Körnung unter 0,1 mm	35 – 43 %			
über 1 mm	40 – 45 %			
davon über 3 mm	12 – 22 %			
spez. Gewicht	2,42 2,36	2,40 2,36	2,41 2,34	2,42 2,35 (starke Streuungen)
Porosität	18,5 20	18,5 21	19,5 20,5	18 19
KDF (Mittel)	400 300	620 510	480 540	280 270
Permeabilität (Milli-Darcy)	8	7 30	15 43	40 49
reversible Ausdehnung bis 1000° %	1,3 1,35–1,55	1,50 1,50	1,40 1,43	1,52 1,55
ta (DIN 1064) (nach DIN auf 10° abgerundet)	1690°	1680°– 1690°	1680°– 1690°	1690°

Forschungsberichte des Wirtschafts- und Verkehrsministeriums Nordrhein Westfalen

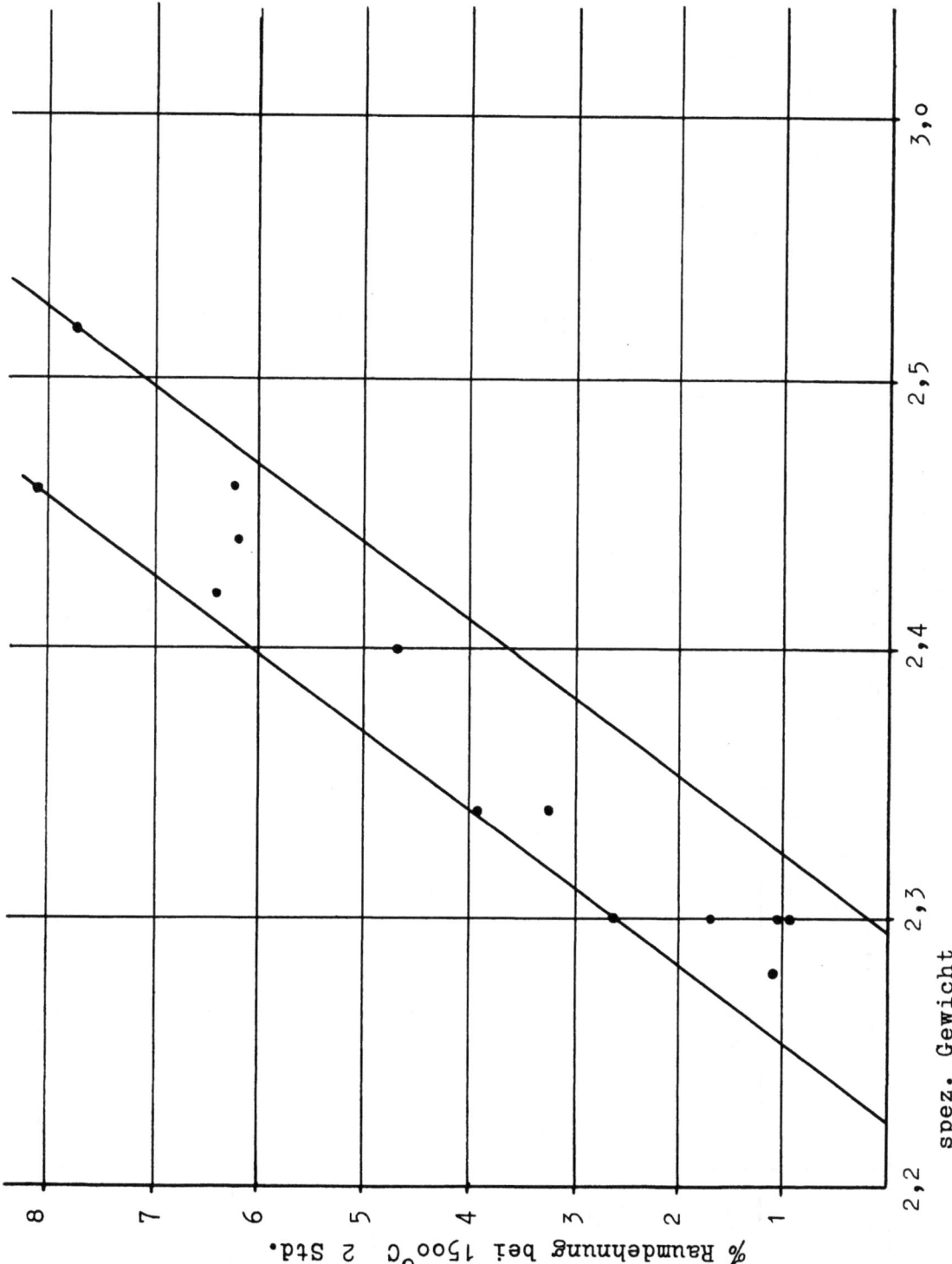

Abbildung 4

Zusammenhang zwischen spez. Gewicht und Nachwachsen von Silikasteinen

Tabelle 3
Bedingungen an den SM-Öfen

Stahl-werk	Ofenart	Beheizung	Ofen-größe t	Herd-flä-che m²	Herdfl.leistg. kg/m²/h	Einsatz %	Gewölbeausbildung	Char-gen	Haltbarkeit heiße Wo-chen	erzeugte Menge Stahl (t)
M	Friedr. Kopf	90% Generatorgas 10% Koksofengas	70	32	170	Schrott 70 Stahleis. 30	starre Verankerung, je eine Dehnfuge von 20 mm Mitte u. Ende des Gewölbes	379	27	23,295
N	Maerz	Generatorgas + Koksofengas	80	38	260	Schrott 62 Stahleis. 14 fl.Metall 24	federnde Widerlager, an der Rückwand Dehnfugen 1 % in Längsrichtung des Gewölbes	291	14	22,535
O	Friedr. Kopf	Braunkohle, Brikettgas	40	26	150	Schrott 70 Stahleis. 30	Anker; keine Federn, je Gewölbehälfte eine Dehnungsfuge 20 mm breit Kopfgewölbe mit 35° Neigung nehmen restl. Dehnung auf	662	35	24,484
P	Maerz	Generatorgas	80	41	140	Schrott 90 Stahleis. 10 + 1,5 t Kohle	Widerlageraufhängung mit Spannfeder, 2 Dehnfugen zwischen 11. u. 12. Schar	143	7½	11,218 (häufig schäumende Chargen)

Forschungsberichte des Wirtschafts- und Verkehrsministeriums Nordrhein Westfalen

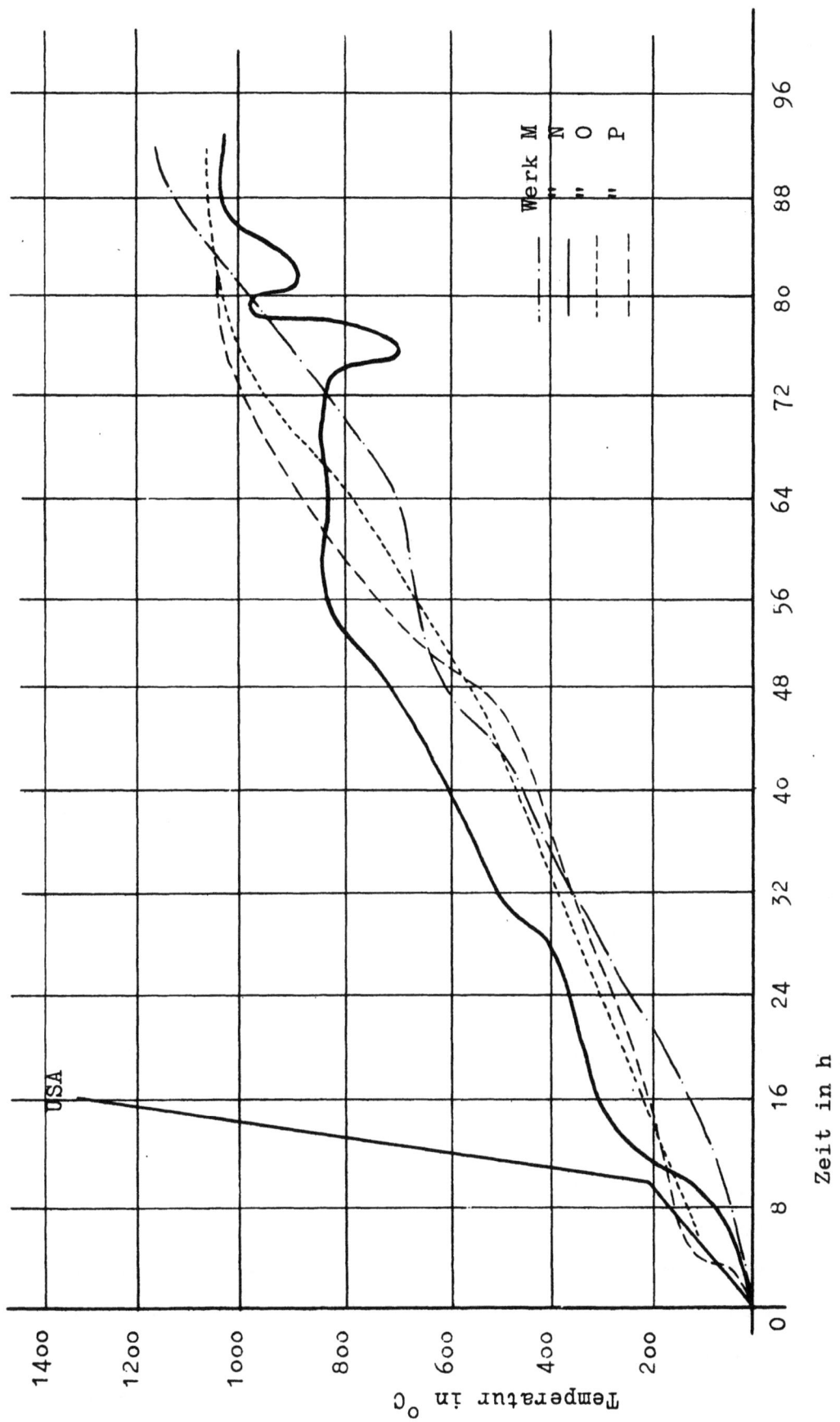

Abbildung 5
Anheizkurve der SM-Öfen

Kurve in Abbildung 5 zeigt[13]. Die Erprobung der Steinsorten erfolgte demnach unter stark verschiedenen Bedingungen: Ofensystem, Heizgas und der Einsatz waren jeweils verschieden. Die Hauptgewölbe waren teils als Rippen-, teils als Kastengewölbe nach KREUTZER[14] ausgebildet, doch hat dies für die folgenden Überlegungen keine Bedeutung, da die beiden Gewölbehälften mit den Steinen verschiedener Umwandlung in der gleichen Art zugestellt wurden. Das Anheizen erfolgte in allen 4 Werken in ziemlich der gleichen Art; es wurden in keinem Falle Schwierigkeiten beobachtet; ein Steigen wurde durch Nachlassen der Verankerung ausgeglichen. Bei nicht starrer Einspannung entspricht die Gewölbedehnung bis 1000°C den Prüfwerten für die reversible Ausdehnung (Abbildung 6).

In Tabelle 4 sind die Beobachtungen während der Ofenreisen zusammengestellt. Das ungefähre Verhältnis gleichen Verschleißzustandes wurde aus dem Auftreten roter Felder und nach der Notwendigkeit des Nachsetzens berechnet. Man erkennt, daß in keinem Fall die Silikasteine mit dem höheren spez. Gewicht schlechter sind als die besser umgewandelten Steine, sondern sogar häufig deutlich besser.

Das Verhalten des Mörtels ist sehr unterschiedlich und müßte noch in einer abgetrennten Arbeit systematisch studiert werden.

Auch die Beobachtung der Tropfen ließ deutliche Unterschiede erkennen; die Steine mit guter Umwandlung ergaben zumeist schuhriemenartige Fäden, jene mit mittlerer Umwandlung kurze, dicke Tropfen. Modellversuche zeigten, daß die Form und Größe der Tropfen von der Viskosität und der Oberflächenspannung, dh. der Grenzflächenspannung abhängen; diese ist bei porösen Stoffen nicht eine Materialkonstante, sondern auch abhängig von der Ausbildung der Poren des festen Körpers, wie es z.B. von COMEFORO und HURSH[15] auch bei der Benetzung von Silikasteinen durch geschmolzenes Glas beobachtet wurde.

Das verschiedene Verhalten der Silikasteine mit höherem und niedrigerem spez. Gewicht muß sich auch in der Zusammensetzung der Zonen im verschlackten Stein ausdrücken. Abbildung 7 ist ein Beispiel für die Flußmittelverteilung in Silikasteinen aus demselben Ofen und vergleichbarer Lage im Gewölbe. Der maximale Gehalt an CaO und Al_2O_3 ist im gut umgewandelten Stein deutlich höher, was in allen vergleichbaren Fällen gefunden

Forschungsberichte des Wirtschafts- und Verkehrsministeriums Nordrhein Westfalen

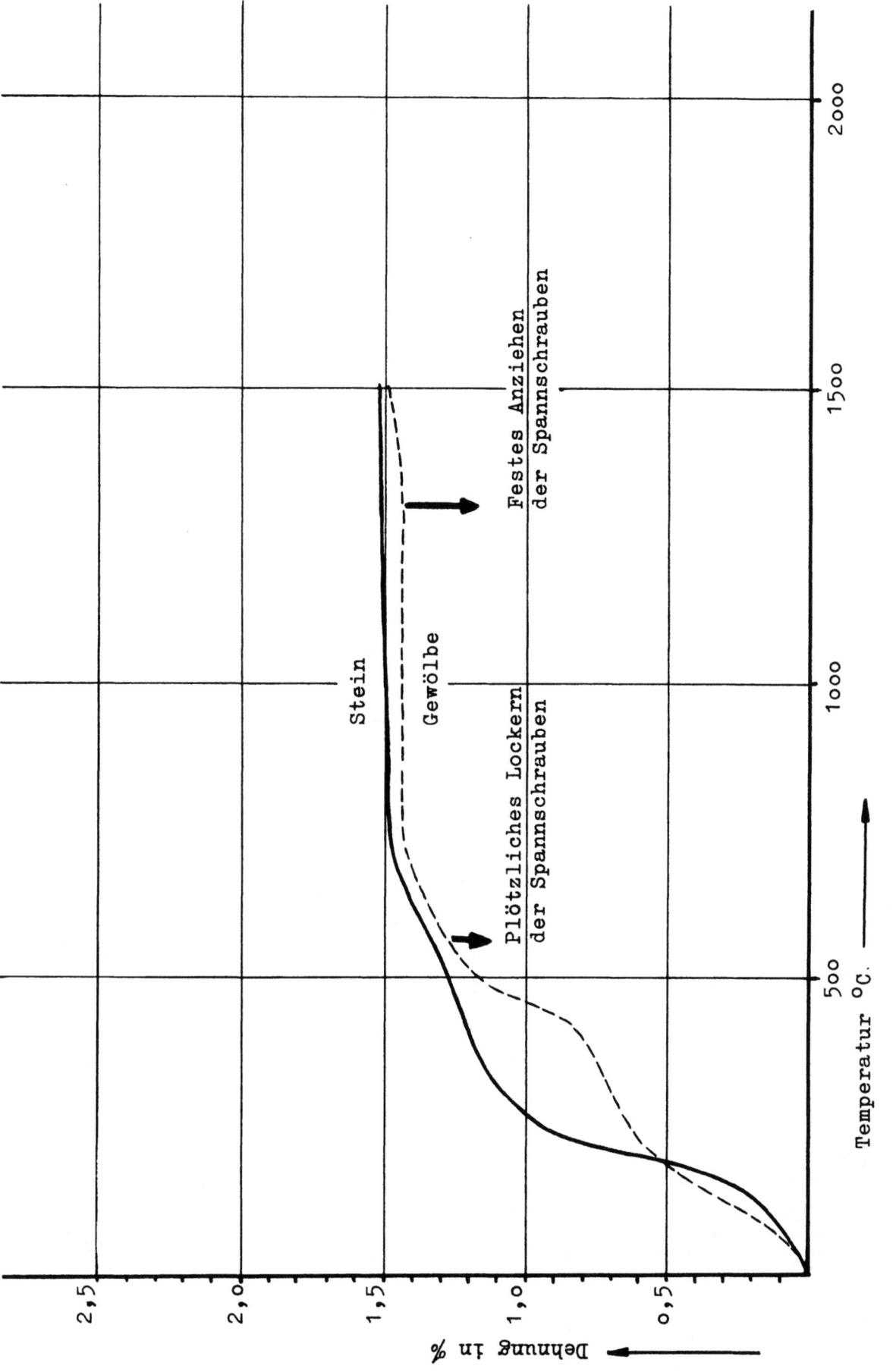

Abbildung 6
Gewölbedehnung und Längenänderung des Silikasteines

Forschungsberichte des Wirtschafts- und Verkehrsministeriums Nordrhein Westfalen

Tabelle 4

Vergleichsweise Beobachtungen des Verhaltens der Silikasteine mit guter und mittlerer Umwandlung in SM-Öfen

Stahl-werk	Beobachtungen über Faden und Tropfenbildung	Auftreten roter Stellen	Ausbesserungen	ungef.Verhält. gleichen Verschleißzustand. d.Steine mittl. guter Umwandlg.	Verhalten des Mörtels
M	lange Fäden (Schuhriemen)	nicht beobachtet	kein Nachsetz. abstichseitig. Stein guter Umwandlg. stärker verschlissen als jene mittl. Umwandlung	1,05	etwas stärker angegriffen
N	oberh.1675° lange Fäden; gut umgew.Steine glatte Gewölbefläche; Steine mittl.Umwandlg. gezackte Gewölbeflächge	ab 90.Charge; auf Seite d.gut umgewand. Steine stärker; geringer Unterschied	nach 130.Charge türseitig an beiden Gewölbehälften	1,10	frühzeitig ausgelaufen
O	gut umgewandelte Steine bilden lange Fäden, Steine mittl. Umwandlg.Tropfen	nach 470.Charge im Gewölbeteil d.gut umgewand. Steine (Vorderwandseitig)	nach 598.Charge i.Gewölbetl.d.Steine guter Umwandlg.; i.and.Gewölbetl.bis Ende d.Ofenreise (662 Charg.) nicht.Verschleiß d.Gewölbetls.m.Steinen guter Umwandlg. stärker	1,15	keine besonderen Beobachtungen
P	gut umgewand.Steine bild.lange Fäden (erstm.nach 105 h) Steine mittl.Umwandlg. kurze Tropfen(erstmal nach 145 h);raschere Tropfenbildg.an Gewölbehälfte d.gut umgewandelten Steine	an Gewölbetl.ob.hb Rückwand bei 28. Charge (gut umgew. Steine bzw. bei 32 Charg.,i.Gew.hälfte d. Charge Steine mittl. Umwandlung)	erstes Nachsetzen i. Gewölbehälfte d.gut umgew.Steine nach 87. Charg.,i.Gew.hälfte d. Steine mittl. Umwandlg. nach 136 Chargen	1,40	ab 1550° glänzend

Seite 20

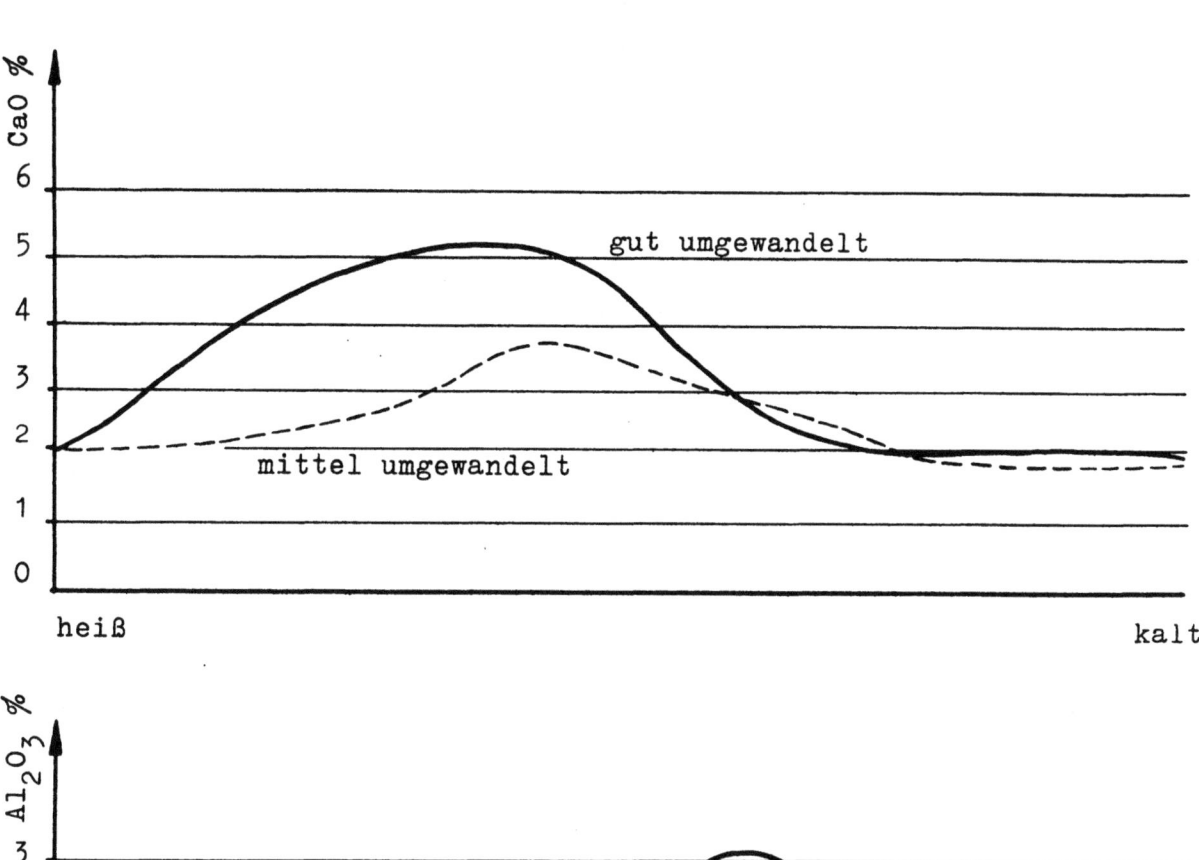
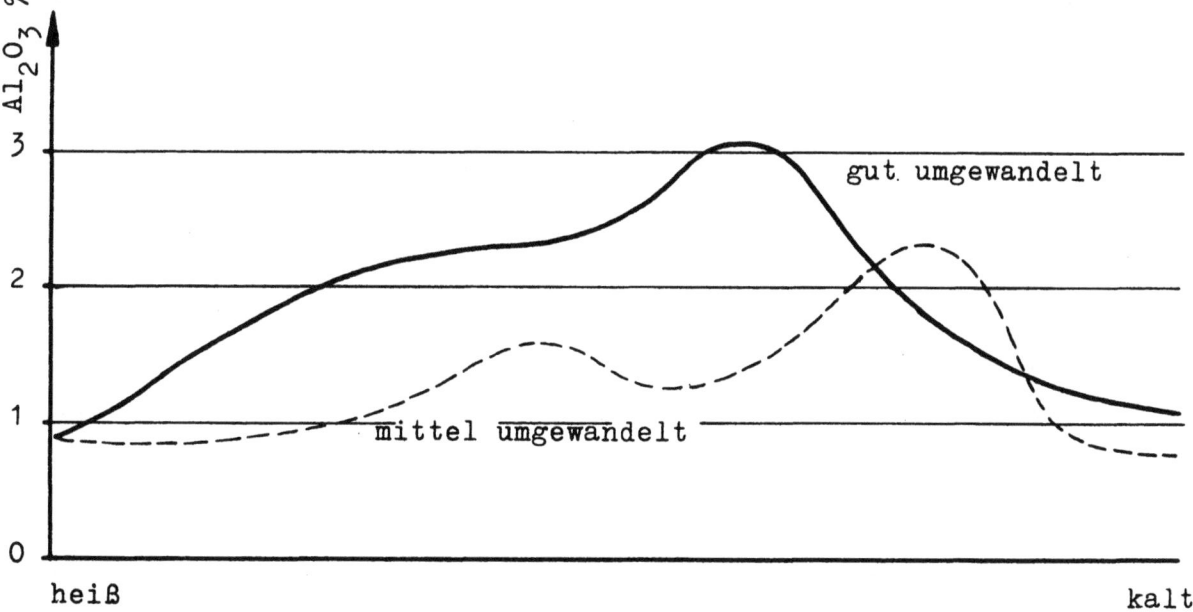

Abbildung 7

Flußmittelverteilung in Silikasteinen guter und mittlerer Umwandlung

wurde. Der Unterschied ist größer, als dem Unterschied des Porenraums (19:21) entspricht. Vermutlich wird ein wesentlicher Anteil der restlichen Umwandlung von den Poren des Steins aufgenommen. Es wäre dies nicht überraschend, da die Ausdehnung der Silikasteine durch Umwandlung unter Belastung wesentlich zurückgeht [16,17] und bei etwa 4 kg/cm^2 - einer Spannung, deren Auftreten im Gewölbe nachgewiesen wurde[18] - weitgehend unterdrückt wird.

Die Ergebnisse der vergleichenden Großversuche an Silikasteinen deutscher Rohstoffe bestätigen die weitverbreitete Auffassung der deutschen Stahlwerker, daß Steine mittlerer Umwandlung jenen vollständiger Umwandlung vorzuziehen sind. Es traten selbst bei einem linearen Nachwachsen von 2,2 %, also einem gesamten Wachsen von über 3 %, keine Schwierigkeiten auf, so daß die Vorschriften der Kriegsjahre - einem spez. Gewicht von 2,40 bis 2,45 - übernommen werden können.

4. Der Verschleiß der Silikasteine im Siemens-Martinofen

Ein Silikastein, der auch nur verhältnismäßig kurze Zeit in einem Siemens-Martinofen eingebaut war, entspricht in seinem Aussehen und in seinen Eigenschaften durchaus nicht mehr dem Stein im Anlieferungszustand. Diese Veränderungen stehen mit dem Verschleißvorgang und damit mit der Haltbarkeit in ursächlichem Zusammenhang. Die üblichen Prüfverfahren der Verschlackung sagen in dieser Hinsicht wenig aus, da sie bei gleichmäßiger Temperatur des Prüfkörpers erfolgen, üblicherweise aber ein beträchtliches Temperaturgefälle von der heißen Innenfläche zur kühlen Aussenfläche besteht und da sie sich über einen zu kurzen Zeitraum erstrecken [19,20].

Es ist allgemein bekannt, daß Silikasteine im Siemens-Martinofen durch die Einwirkung des Temperaturgefälles und der auftreffenden Flußmittel ein zonares Gefüge ausbilden. Man kann in allen Fällen eine graue Cristobalitzone, eine schwarze ziemlich homogene Zone, eine braune Tränkungszone, welche aber das ursprüngliche Korn deutlich erkennen läßt, sowie als Übergang zum wenig oder unveränderten Steinteil eine dichte, meist gelbe Zone unterscheiden. Weitere Unterscheidungen nach Farben wurden häufig gewählt, doch ist es nach den bisher vorliegenden Untersuchungen wahrscheinlich, daß sie in erster Linie nur einem verschiedenen Oxydationsgrad oder einem verschiedenen Zerteilungsgrad der Eisenoxyde oder -verbindungen entsprechen.

Bei der Ausbildung der zonaren Textur sind verschiedene Stadien zu unterscheiden [19, 20]:

1. Zuerst wandern unter der Einwirkung des Temperaturgefälles die Flußmittel des Silikasteins gegen das kalte Ende, wobei es zu einer Differenzierung der Komponenten kommt. So wandert das TiO_2 rascher als Al_2O_3 aus den heißen Zonen ab, bleibt aber in diesen anscheinend zu einem höheren Prozentsatz vorhanden.

2. Die Eisenoxyde und die übrigen Flußmittel, welche aus dem Ofenraum an den Stein gelangen, bilden eine zweite Wanderungsfront.

3. Je nach den Bedingungen, wie Textur des Stein, Höhe der Temperatur und des Temperaturgefälles, erreichen die CaO-haltigen eutektischen Schmelzen die Temperaturfläche, die ihrem Erstarrungspunkt entspricht, nach etwa 1-3 Wochen. Von diesem Zeitpunkt an beginnen sich die abgewanderten Schmelzen in den vorher liegenden heißeren Zonen aufzustauen.

Durch das Abschmelzen an der heißen Steinseite und durch die Aufnahme von Flußmitteln aus der Ofenatmosphäre ist ein dauernder, wenn auch langsamer Flüssigkeitsstrom gegeben. Es ist naheliegend, für diese Flüssigkeitsströmung die Regeln der Chromatographie - d.i. der Trennung eines Lösungsgemisches durch Strömen in einer festen, adsorbierenden Grundmasse - anzuwenden. Bei der Bewegung der Schmelze müssen insbesondere die Eisenoxyde bzw. Eisensilikate, die sich zuerst aus der Schmelze ausscheiden, am stärksten in der Wanderung gehemmt sein, und es ist mit der Möglichkeit zu rechnen, daß mit der Ausbildung der Cristobalit-und Tridymit-Kristalle das Vordringen der Eisenoxyde beeinflußt wird.

Von der auftreffenden Schlacke fließt ein Teil ab und nur der kleinere Teil wandert in den Stein. Die den Wanderungsvorgang bestimmenden Faktoren, wie Gefügeaufbau und Grenzflächenkräfte, beeinflussen daher die Verschlackung, da das Verhalten der heißesten Schicht durch das Abwandern der Flußmittel bestimmt wird.

Manchmal fällt der Eisengehalt zur kälteren Seite ab, manchmal hat aber die heißeste Zone einen deutlich geringeren Eisengehalt. Es dürfte dies von den Bedingungen im Ofen, wie Temperatur, Gasströmungen und Konzentration der Eisenoxydnebel abhängen. Über die verschiedene Ausbildung der Zonen je nach der Position des Steins im Ofen wird noch getrennt berichtet werden.

Im Zusammenhang mit der Zonenbildung wäre darauf hinzuweisen, daß der Temperaturgradient in Silika-Gewölbesteinen nach einiger Zeit durchaus nicht linear ist, sondern einen deutlichen Knick bei der Grenzfläche Cristobalit-Tridymit erkennen läßt[21] (Abbildung 8). Der Übergang der Cristobalit- zur Tridymit-Zone ist sehr scharf; er entspricht der Temperaturfläche von 1470°C. Da die Flußmittel bis etwa 1050°C vordringen - entsprechend der schmalen gelben Zone - ist eine vergleichsweise Auswertung der Wanderung der Flußmittel entsprechend der jeweiligen Temperaturfläche möglich.

Trotz der schon häufig durchgeführten Zonenanalysen erschien eine systematische Auswertung aller vorliegenden Versuchssteine und Probesteine wünschenswert, da das große Vergleichsmaterial eindeutige Schlüsse zu Teilvorgängen des Verschleißes von Silikasteinen im Siemens-Martinofengewölbe erwarten ließ.

Abweichend von der bisherigen Methode wurde nicht nur der Durchschnitt der erkennbaren Zonen untersucht, sondern auch innerhalb der Zonen Proben genommen. Da es sich fast immer um makroskopische sehr inhomogene Proben handelte, war die Streuung der einzelnen Untersuchungswerte erhöht, doch stand genügend Zahlenmaterial (über 700 Analysen) zur Verfügung, um zufällige Ergebnisse auszuschalten. Bei der Auswertung war es doch recht überraschend, daß die Zonen mit Ausnahme des Eisenoxyds sich nicht deutlich in der analytischen Zusammensetzung widerspiegeln und die bisherige Art der Untersuchung des Durchschnitts einer Zone manchen Gang der Flußmittelverteilung zum Verschwinden bringt. Ein Beispiel möge dies belegen (Abbildung 9).

Es ist in den Überlegungen über die Zonenbildung meist übersehen worden, daß die Flußmittel des Silikasteins sich in einer Temperaturzone von etwa 1000° bis 1300°C sammeln und mit zunehmendem Verschleiß weiter vordringen; der Flußmittelgehalt stark verbrauchter Steine zeigt daher eine deutliche Anreicherung, welche z.B. beim TiO_2 keinesfalls aus der Ofenatmosphäre, sondern nur aus den verbrauchten Steinschichten stammen kann.

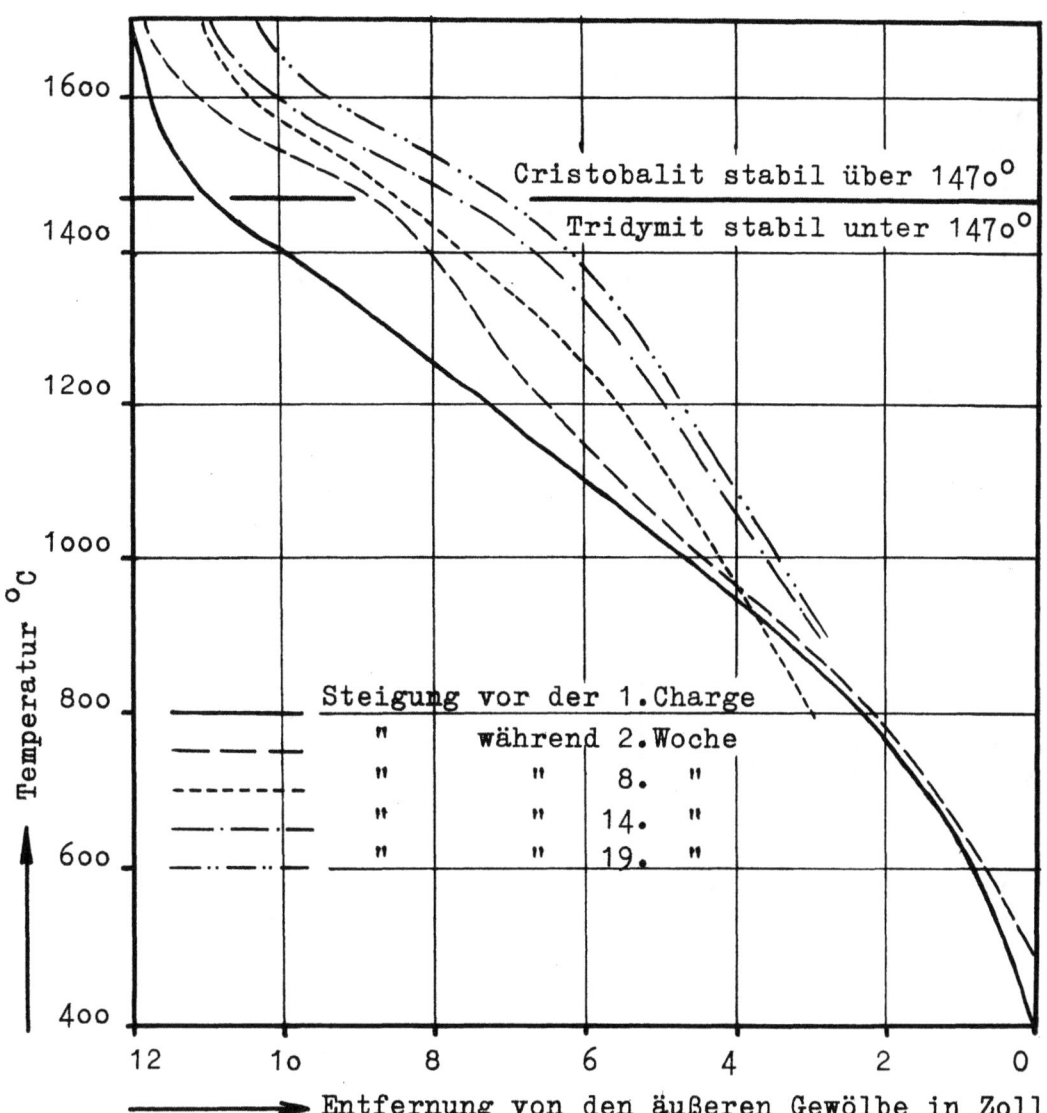

Abbildung 8

Temperaturverlauf in Silikagewölben bei
verschiedenen Zeiten der Ofenreise

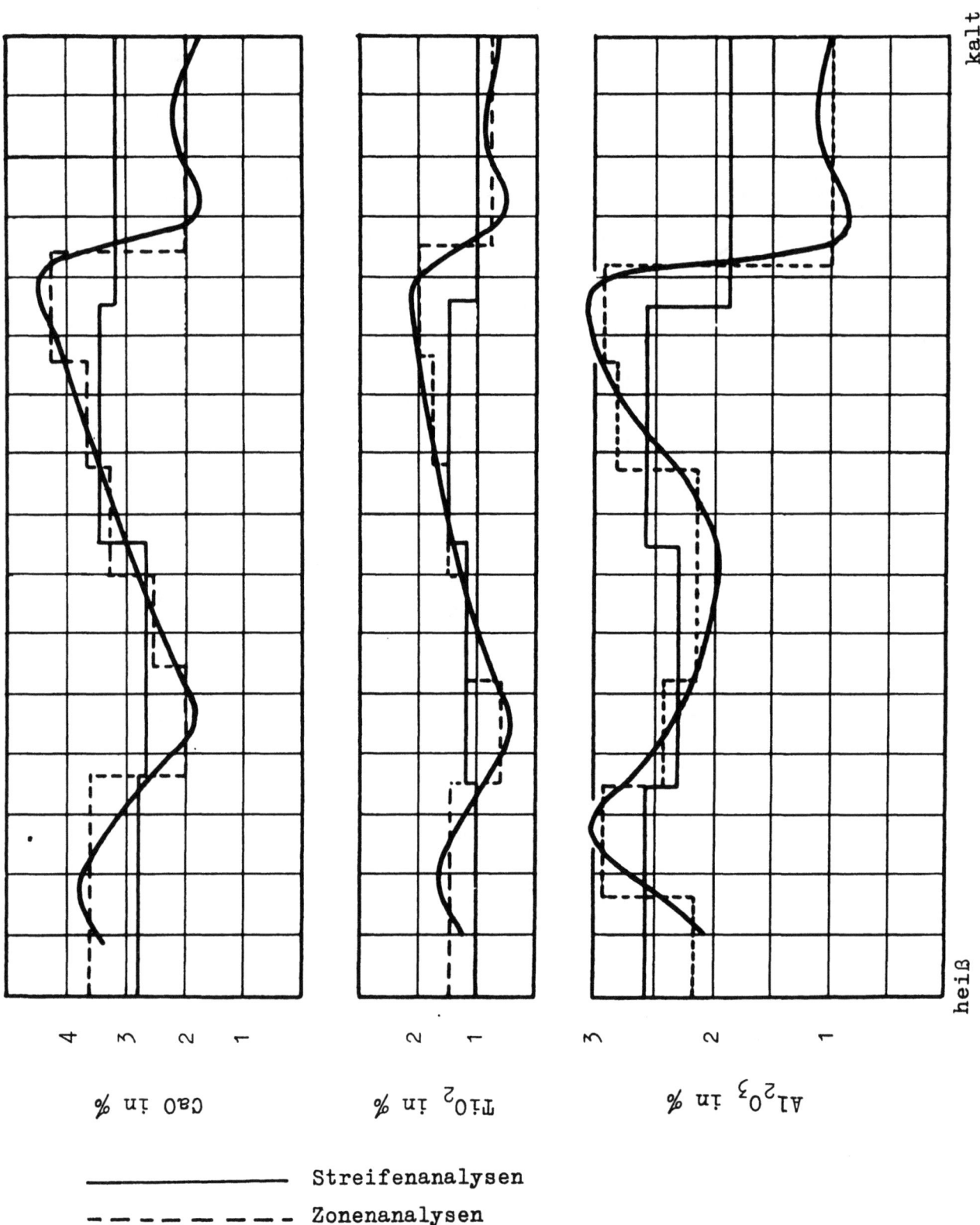

Abbildung 9
Vergleich von Zonen- und Streifenanalysen bei Silikasteinen

Vor der Diskussion der Ergebnisse über die Wanderung der Flußmittel im Silikastein mögen einige theoretische Ableitungen das Bild vervollständigen und die Gefahr von Fehlschlüssen vermeiden helfen. Wenn auch der Verschleißvorgang zu keinem stationären Zustand führt, so sei im Hinblick auf die hohe Temperatur und die lange Zeit in erster Annäherung angenommen, daß sich eine gleichbleibende Menge an Schmelze in allen Steinteilen befindet, welche sich zusammensetzungsmäßig mit SiO_2 vollständig oder nahezu vollständig im Gleichgewicht befindet. Wenn man Fe_2O_3 und TiO_2 aus den Betrachtungen ausschaltet - wir werden noch sehen, daß dies mit einer gewissen Berechtigung geschieht - so beschränken sich die Überlegungen auf die SiO_2-Ecke des Diagramms SiO_2-CaO-Al_2O_3. (Abbildung 10). Gelangt kein CaO aus der Ofenatmosphäre an den Stein, so verschiebt sich das Verhältnis von CaO zu Al_2O_3 bei der Anreicherung an Schmelze durch den Verschleiß des Steines nicht. Rechnet man unter der Annahme von 25 % Schmelze die Zusammensetzung bei verschiedener Temperatur durch, so erhält man eine Flußmittelverteilung, wie sie in Abbildung 11 dargestellt ist. Bei Al_2O_3-reichen Steinen liegt das Maximum für CaO bei tieferen Temperaturen und ist niedriger als bei Al_2O_3-armen Steinen. Es hängt dies damit zusammen, daß bei Al_2O_3-reichen Steinen praktisch nur das ternäre Eutektikum zur Ausscheidung kommt, während bei Al_2O_3-armen Steinen vorher auch eine Ausscheidung eines CaO-reichen binären Eutektikums erfolgt. Diese unerwartete Verteilung der Flußmittel ist ein Hinweis darauf, mit Schlußfolgerungen aus der Konzentration der Flußmittel vorsichtig zu sein. Andererseits sind selbst weit auseinander liegende Ergebnisse überraschend ähnlich, wie z.B. der Vergleich der eigenen Untersuchungen an einem Al_2O_3-armen Silikastein mit Ergebnissen aus der englischen Literatur an "silcrete"-Steinen zeigt (Abbildung 12). Die beiden Maxima des CaO-und TiO_2-Gehaltes zeichnen sich in beiden Fällen und bei der gleichen Temperaturfläche ab. Worauf die beiden Maxima zurückzuführen sind, konnte noch nicht geklärt werden. Sie scheinen bei Al_2O_3-armen Steinen häufiger, vielleicht sogar regelmäßig aufzutreten. Auch der Al_2O_3-Gehalt zeigt manchmal ein zweites Maximum in der Nähe der Trennfläche Cristobalit/Tridymit; solche Steine zeigen dann wurmförmigen Lochfraß, dessen Spitze in der Al_2O_3-reichen Schicht liegt. Auffallend niedrig ist im "silcrete"-Stein die Anreicherung an Al_2O_3, was nach den veröffentlichten Unterlagen auf eine geringere Ausnutzung des Steins,

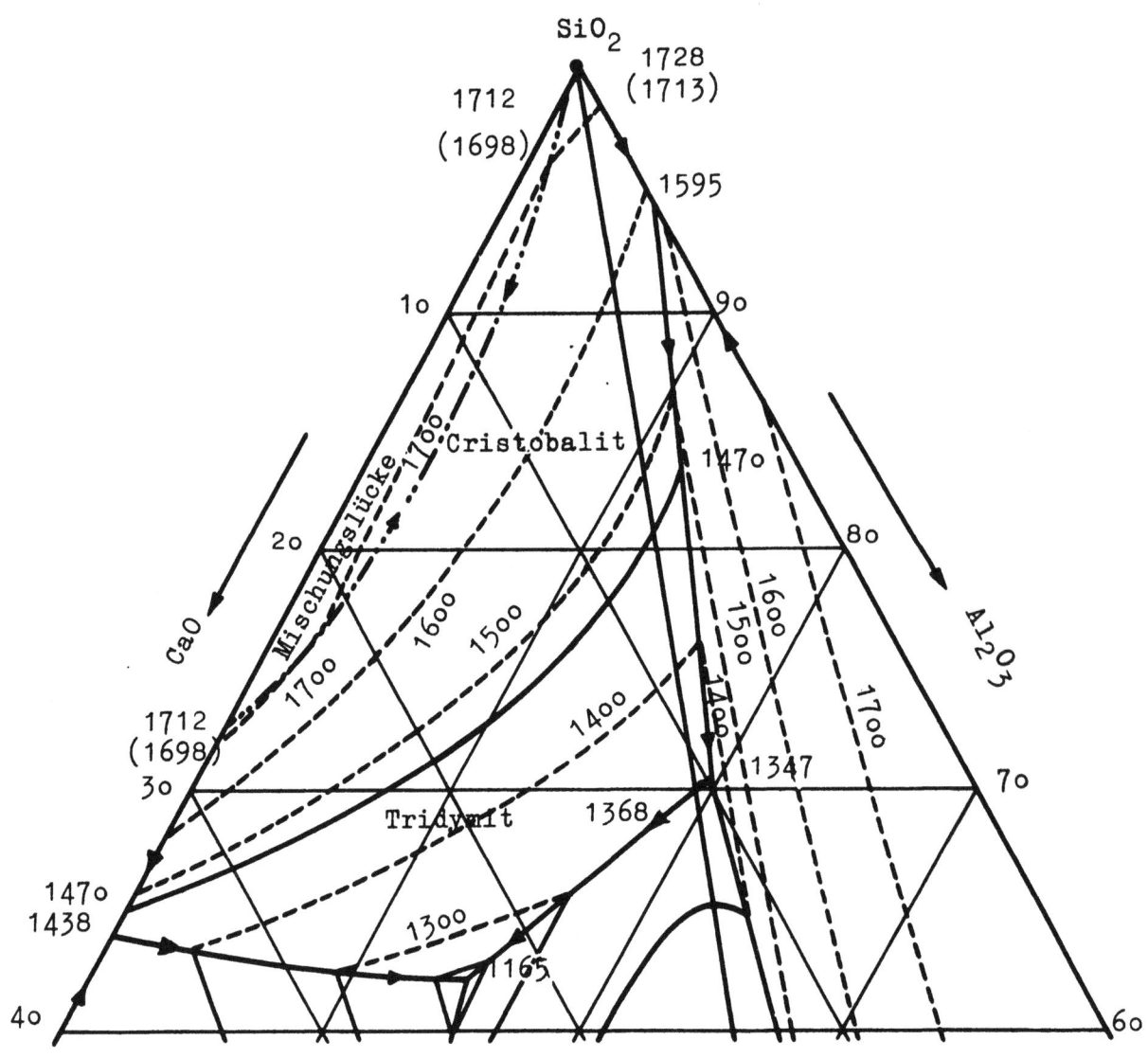

Abbildung 10

Obere Ecke des Diagramms CaO - Al_2O_3 - SiO_2

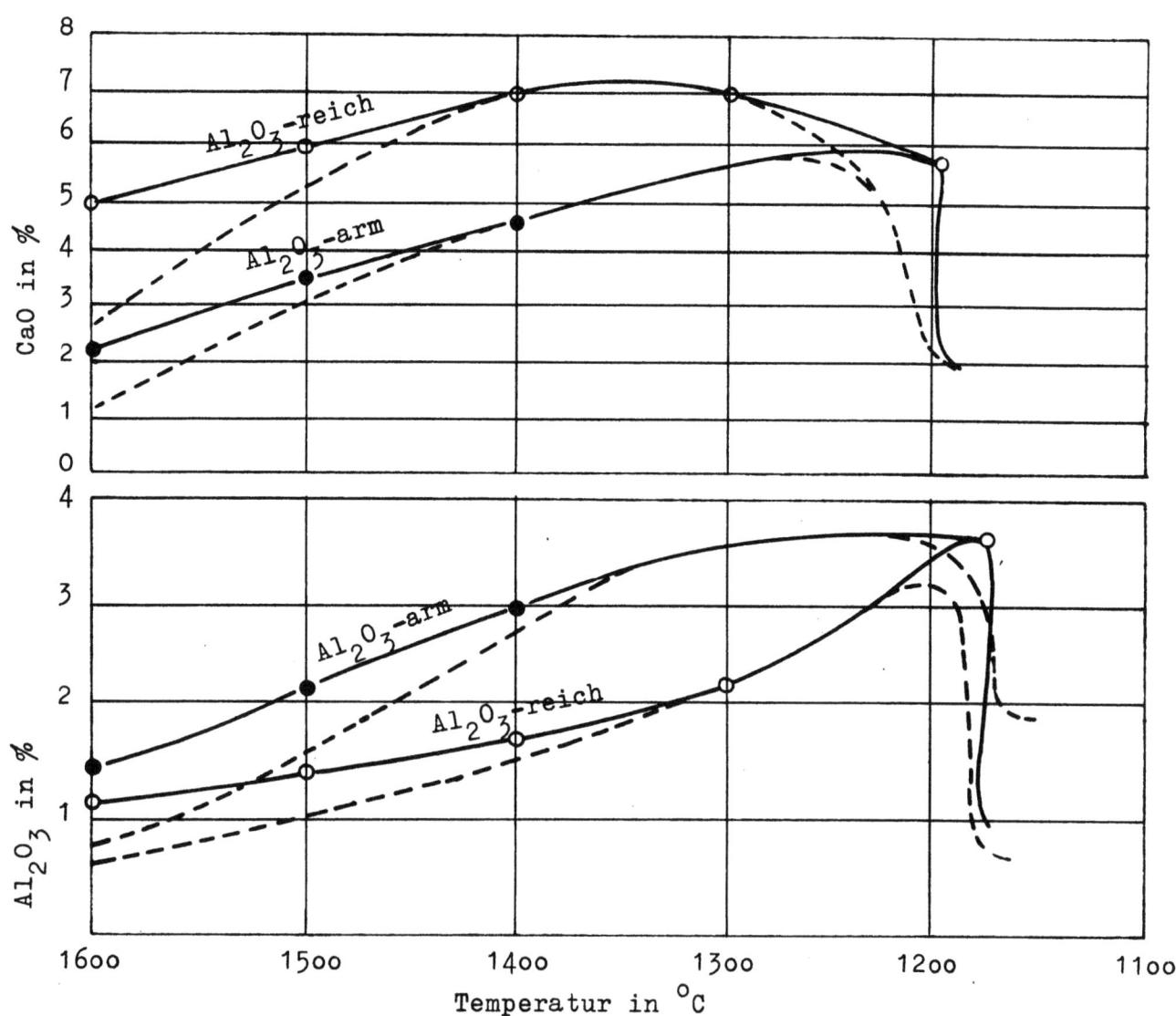

Abbildung 11

Theoretische Verteilung des CaO- und Al_2O_3-Gehaltes in Al_2O_3-armen und Al_2O_3-reichen Silikasteinen

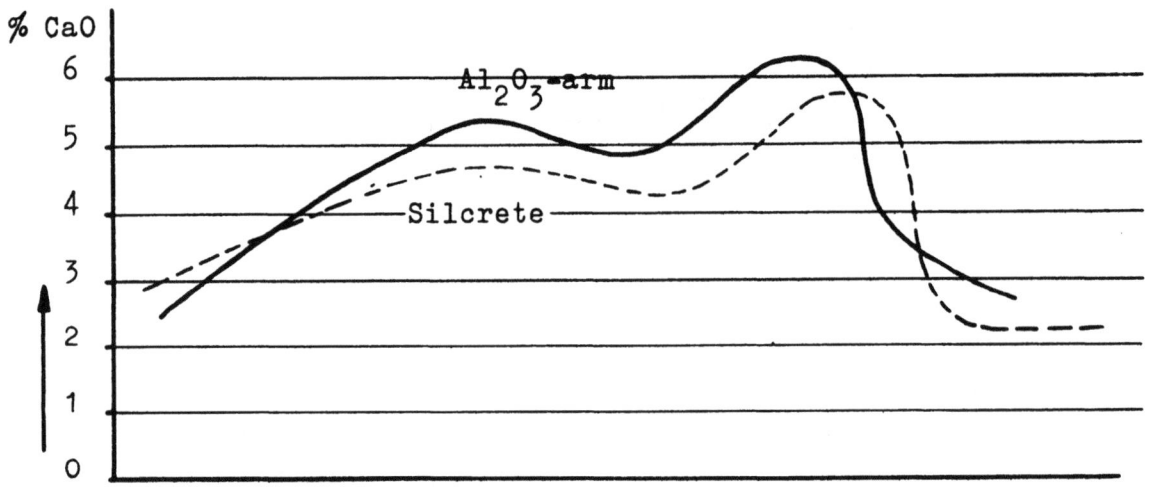
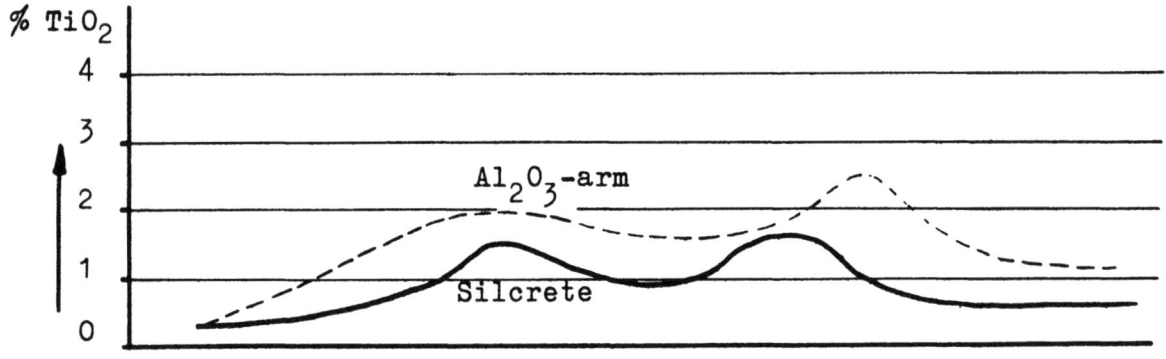
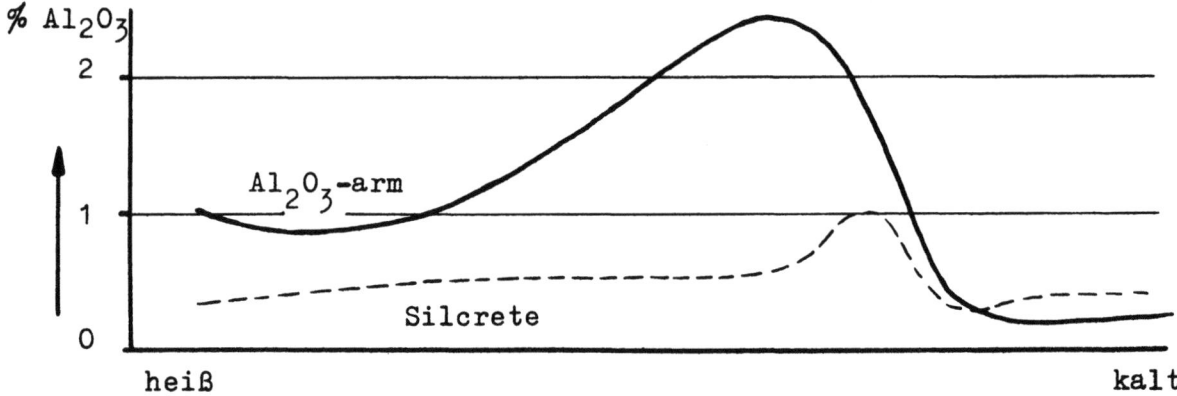

A b b i l d u n g 12

Flußmittelverteilung in einen deutschen und englischen Al_2O_3-armen Silikastein

vielleicht aber auch auf den Einfluß des hohen Titangehalts zurückzuführen ist, welcher die Schmelzmenge bei gleichem Al_2O_3-Gehalt verschiebt [5, 22]. In der folgenden Tabelle 5 sind charakteristische Ergebnisse aus den Versuchen zusammengestellt.

Die relative Dicke der Cristobalitschicht im Vergleich zur gesamten Tränkungszone bis zur Temperaturfläche von 1100°-1000°C geht etwa der "Schärfe" des Ofenbetriebs parallel.

Der Fe_2O_3-Gehalt der heißen Schicht beträgt nur einige Prozent und ist manchmal überraschend niedrig. Auch eingehende Aussprachen mit den Stahlwerkern konnten keine Aufkärung bringen. Da an Silikasteinen im Luftzugspiegel bis zu 16 % Fe_2O_3 gefunden wurde, ist es nicht ausgeschlossen, daß bei hohen Temperaturen und geringem O_2-Gehalt die Fe_2O_3-Aufnahme gering ist und das herangebrachte Fe als Ferro-Silikat überwiegend abfließt.

Der CaO-Gehalt reichert sich an der kalten Seite des Steins an; der Gehalt an der heißen Seite ist wohl ausschließlich von der CaO-Aufnahme aus der Ofenatmosphäre abhängig. Der Al_2O_3-Gehalt ist in jedem Fall an der kalten Seite der Tränkungsschichten am höchsten. Die Gründe für ein manchmal auftretendes zweites Maximum konnten nicht geklärt werden. Zusätze von Bauxit zur Schlacke scheinen die Ursache eines höheren Gehalts der heißen Zone an Al_2O_3 zu sein.

Der TiO_2-Gehalt zeigt nur geringe Konzentrationsveränderungen, und zwar meist parallel dem CaO-Gehalt. Eine Steinsorte ist aber dadurch gekennzeichnet, daß die Cristobalitzone kaum noch TiO_2 aufweist. Vergleichsuntersuchungen ergaben, daß diese Steinsorte einen Alkaligehalt um 0,4 % hatte, während die anderen 3 Sorten nur einen Alkaligehalt von 0,05 - 0,20 % aufwiesen. Das Alkalioxyd nimmt bei seiner Wanderung von der heißen Zone bevorzugt TiO_2 mit. Nicht uninteressant ist vielleicht, daß bei den übrigen 3 Steinsorten in der schwarzen Zone neben überwiegend Tridymit immer noch Cristobalit nachzuweisen ist, nicht aber bei der alkalireichen Silikasorte. Die Anreicherung an Alkali steigt in der mittleren Zone bis fast 1 %, was die bevorzugte Ausbildung des Tridymits erklärt. Daß nur ein Teil des TiO_2 aus der heißen Zone abwandert, ist wohl nicht auf ungleichmäßige Verteilung, sondern auf die Bildung einer festen Lösung zurückzuführen. Ursprünglich wurde eine Mischbarkeit dieser beiden Komponenten von 10 % angenommen[23], die später jedoch wieder verneint wurde [24,25]. Bei Vorträgen

__Forschungsberichte des Wirtschafts- und Verkehrsministeriums Nordrhein Westfalen__

Tabelle 5

Verschlackte Steine aus Gewölbe-Vergleichsversuchen

Werk		Mittlere Umwandlung					Gute Umwandlung				
		Länge %	Fe_2O_3	CaO	Al_2O_3	TiO_2	Länge %	Fe_2O_3	CaO	Al_2O_3	TiO_2
M	verwendet Crist.	35	2,4	1,5	0,75	0,75	40	3,12	1,3	0,35	0,65
	keinen schwz.Trid.	25	1,1	3,6	1,3	1,3		1,15	2,5	1,0	1,2
	Bauxit braun	25	0,9	3,6	0,9	1,3	35	0,9	3,7	1,5	1,4
	gelb	15	0,8	4,2	1,1	1,4	25	0,9	5,0	1,5	1,6
N	unverändert		0,55	1,8	0,85	1,0					
	verwendet Crist.	30	1,0	4,3	1,0	0,75	40	0,5	2,0	0,9	0,8
	keinen schwz.Trid.	40	0,8	4,6	1,2	1,5	30	0,8	4,8	1,1	1,1
	Bauxit braun	30	0,8	5,2	1,1	1,4	30	0,7	6,0	1,0	1,5
	gelb							0,8	6,5	1,1	1,8
O	unverändert		0,4	2,5	0,8	0,9		0,7	1,6	1,0	0,9
	verwendet Crist.	25	1,5	1,9	1,5	1,0	35	2,8	2,3	1,5	1,3
	fallweise schwz.Trid.	35	1,2	2,4	1,2	1,7	30	2,8	4,3	1,7	1,7
	Bauxit- braun	30	2,7	3,0	1,7	1,7	35	2,2	4,6	1,2	1,5
	Zuschläge gelb	10	1,2	1,4	1,1	1,2					
P	unverändert		0,8	1,65	0,8	0,9		0,9	1,8	0,8	0,9
	verwendet Crist.	20	1,3	2,9	1,1	0,1	25	4,9	1,8	1,2	0,2
	Bauxit- schwz.Trid.	20	4,0	2,3	1,2	1,0	25	6,4	2,9	1,0	0,7
	Zuschläge braun I	25	2,4	3,5	1,5	1,3	25	3,4	6,4	0,7	0,9
	II	25	0,8	1,9	1,0	0,9)					
	gelb	10	0,7	1,5	1,6	0,6)	25	0,9	3,7	0,6	0,7
	unverändert		0,7	1,8	0,9	0,7		0,6	2,1	0,6	0,6

im Rahmen der American Ceramic Society im April 1953 wurde als Grenze der Mischbarkeit 1 - 2 % angegeben. Die übereinstimmenden Ergebnisse an der heißen Zone bei sonst flußmittelarmen Steinen sprechen für eine Löslichkeit von etwa 0,8 % TiO_2. Dieser TiO_2-Gehalt scheint aber die Störstellen im Aufbau des Cristobalitkristalls zu vermindern, dh. die Grenzflächenspannung zu erhöhen, da nach eigenen Untersuchungen TiO_2-reiche Silikasteine Eisenoxyde weniger tief eindringen lassen als TiO_2-freie Steine.

In diesem Zusammenhang wurde das Eindringen von geschmolzenem Fe_3O_4 in die verschlackten Zonen zweier verschiedener Silikasteine bei vorgegebener Temperatur (1450°C) in Abhängigkeit von der Zeit beobachtet. Hierbei ergab sich die interessante Tatsache, daß die Schmelze in den TiO_2-freien Stein um das Doppelte schneller eindrang und auch eine ganz andere Benetzung zeigte als im Falle des TiO_2-reichen Steines. Die Versuche wurden im Erhitzungsmikroskop der Firma Leitz durchgeführt. Sie lassen sich leider nicht, wie bei Comeforo und Hursh beschrieben, auswerten, da sich keine kugelähnlichen Schmelztropfen bilden, wie Abbildung 13 zeigt.

Faßt man die Ergebnisse der Zonenanalysen im Hinblick auf die möglichen Aussagen zum Verschleißvorgang zusammen, so ergibt sich:

1. Ein Fe_2O_3-Gehalt von einigen Prozent im Silikastein kann nicht nachteilig sein, da einige Prozent Fe_2O_3 in der heißen, der Verschlakkung ausgesetzten Schicht auch bei sehr scharf gehenden Öfen immer vorhanden sind.

2. Die übrigen Flußmittel des Steins wandern von der heißen Seite ab und ergeben damit eine dem Angriff gegenüber empfindlichere Textur des Steines.

In Bezug auf das Verhalten bei der Wanderung und die Beeinflussung des Verschleißvorganges ist die Bedeutung der einzelnen Flußmittel folgendermaßen abzugrenzen:

Gewisse Mengen an CaO sind zumeist die notwendige Voraussetzung für ein gesundes Steingefüge, wobei allerdings der CaO-Gehalt nur in der Grundmasse verteilt ist, während die groben Quarzitkörner frei von CaO sind und auch unter Betriebsbedingungen kaum CaO aufnehmen. Die physikalischen Daten des Steins und der während des Betriebes entstandenen Zonen werden

TiO$_2$-arme Oberfläche   TiO$_2$-reiche Oberfläche

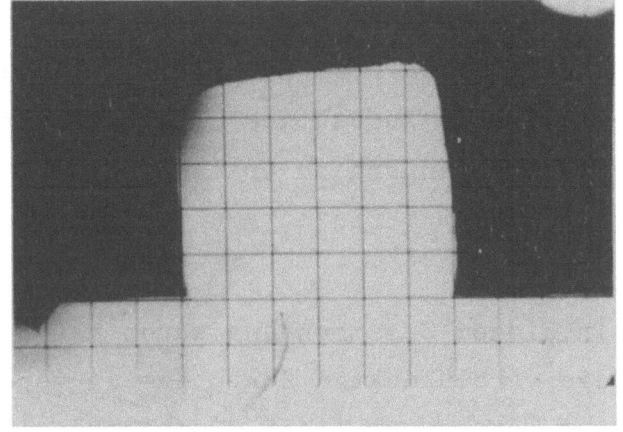

nach 2 Minuten   nach 2 Minuten

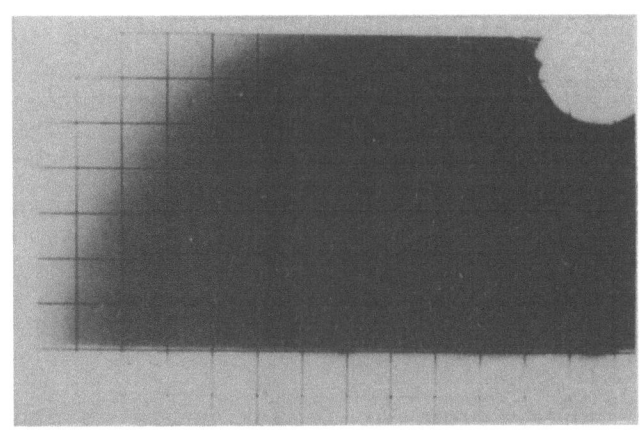 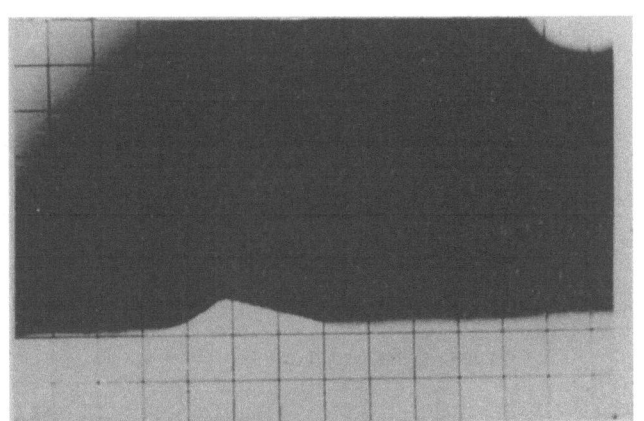

nach 7 Minuten   nach 15 Minuten

A b b i l d u n g   13
Eindringzeiten von geschmolzenem Fe$_3$O$_4$ in verschlackte Silikasteine

durch CaO nur unwesentlich beeinflußt, was in der sehr breiten Mischungslücke des Systems CaO-SiO$_2$ begründet ist. Hingegen nimmt die Menge an Schmelze - bei gleichem Gehalt der anderen Flußmittel - mit steigender Menge an CaO zu. Es ist daher anzustreben, den CaO-Gehalt nur so hoch zu wählen, daß ein gesundes Gefüge verläßlich gewährleistet ist.

Al$_2$O$_3$ ist im Quarzit vorhanden, teils als Feldspat, teils in Form von tonigen oder glimmerartigen Mineralbestandteilen. Sie sind sowohl feindispers und gleichmäßig verteilt, durchsetzen aber auch aderförmig den Rohstoff; jedes Vorkommen hat seine charakteristische Verteilung. Beim Zerkleinern tritt daher eine schwächer oder stärker ausgeprägte Anreicherung des Al$_2$O$_3$ im feindispersen Anteil auf. Das Al$_2$O$_3$ bestimmt wie erwähnt zusammen mit dem Prozentsatz an CaO den Schmelzanteil entscheidend. Diese Schmelzen wandern in Richtung des Temperaturgefälles, welcher Vorgang direkt oder indirekt die Zerstörung an der heißen Seite des Steins bestimmt. Im übrigen wird die breite Mischungslücke von SiO$_2$ mit CaO und Eisenoxyden schon durch geringe Mengen von Al$_2$O$_3$ geschlossen, was sich ebenfalls ungünstig auswirken muß.

Entgegen der bisherigen Gepflogenheit und entgegen mancher ausländischer Auffassung ist TiO$_2$ nicht oder nur in höheren Konzentrationen - vielleicht über 1 % - als Flußmittel anzusprechen. Die Bestimmung der "handelsüblichen" Tonerde ist daher irreführend, was durch folgenden Vergleich anschaulich wird: Silikasteine aus südafrikanischem Quarzit enthalten 1,5 - 2,5 % TiO$_2$ neben 0,3 - 0,4 % Al$_2$O$_3$; sie haben sich im Betrieb ausgezeichnet bewährt, obwohl ihr Gehalt an "handelsüblicher" Tonerde rd. 2 - 3 % beträgt. Andererseits würden Steine mit dem gleichen Gehalt an handelsüblicher Tonerde aber einem hohen Al$_2$O$_3$-Gehalt und nur verschwindenden Mengen TiO$_2$ vollständig versagen - begreiflicherweise, da das Eutektikum SiO$_2$-Al$_2$O$_3$ bei etwa 5 % Al$_2$O$_3$ liegt und bei 1580°C schmilzt.

Die Alkalien wirken nicht nur als Flußmittel, sondern verstärken die ungünstige Wirkung des Al$_2$O$_3$. Bei 1600°C sind alle SiO$_2$-Al$_2$O$_3$- Mischungen mit etwa 3 % K$_2$O geschmolzen, dh.,bei den Betriebstemperaturen des Siemens-Martinofen bedingt der Alkaligehalt etwa die 30fache Menge an Schmelze. Die Alkaliwerte der untersuchten Silika-Steine waren allerdings meist sehr gering; eine vorläufige Überprüfung der Rohstoffe ergab, daß die Findlingsquarzite meist nur Spuren an Alkalien aufwiesen, während die

Felsquarzite, die bekanntlich Feldspat enthalten, bei vergleichbarem Tonerdegehalt etwa 0,5 % hatten, der sich mit steigendem Al_2O_3-Gehalt erhöht. Es erscheint durchaus möglich, daß mancher Mißerfolg mit Felsquarzit in Silikasteinen nicht oder nicht nur auf deren ungünstiges Umwandlungsverhalten oder auf eine Anreicherung des Al_2O_3-Gehalts im Feinanteil zurückzuführen ist, sondern auf den nicht überprüften Alkaligehalt.

Die bisherigen Auslegungen zu den Versuchsergebnissen bezogen sich zum Teil auf Aussagen aus Schmelzdiagrammen, also auf Gleichgewichtsverhältnisse. Ein Silikastein ist aber, selbst nach langer Betriebsdauer, durchaus nicht als im Gleichgewicht befindlich anzusehen: Die größeren Quarzitkörner, etwa über 1 mm, heben sich deutlich aus der mit den Flußmitteln getränkten braunen bis dunklen Grundmasse ab, und selbst in der Cristobalitzone und an den abfließenden Schichten oder den Tropfen lassen sich häufig noch die ursprünglichen groben Quarzitkörner andeutungsweise manchmal sogar auch deutlich erkennen. Die Flußmittelschmelzen wandern eigentlich nur in der Grundmasse des Steins, die auch das gesamte zugesetzte CaO enthält, während die Quarzitkörner aus guten Vorkommen zu dicht sind, um Schmelzen oder Bestandteile aus denselben aufzunehmen. Fe_2O_3 wird allerdings bei höherer Temperatur - anscheinend begünstigt durch die Tridymit-Cristobalit-Umwandlung - in das Quarzitkorn aufgenommen, ohne aber dessen Schmelzverhalten wesentlich zu beeinflussen. Da der Anteil an Korn über 0,5 mm etwa 50 % ausmacht, so sind für die Überlegungen zum Erweichungsverhalten der Grundmasse etwa die doppelten Mengen an Flußmittel einzusetzen; das grobe, mit Eisenoxyden getränkte Quarzitkorn "schwimmt" in der hochviskosen Grundmasse.

Zur Abklärung des Einflusses der Verteilung des Al_2O_3 wurden die Schmelzanteile für 1600°C für vollständig gleichmäßige Verteilung des Al_2O_3-Gehaltes und für vollständiges Fehlen des Al_2O_3-Gehaltes im Grobkorn für verschiedene Prozentsätze an Al_2O_3 und zugesetztem CaO berechnet, wobei der CaO-Gehalt als in der Grundmasse befindlich angenommen wurde (Abbildung 14). Bei extrem ungleicher Verteilung des Al_2O_3-Gehaltes zwischen Korn und Grundmasse steigt der Anteil an Schmelze auf etwa höchstens das Eineinhalbfache an.

Der TiO_2-Gehalt ist im allgemeinen ziemlich gleichmäßig im Quarzit verteilt; ein Teil desselben ist bei der Wanderung an jene des CaO gebunden,

Forschungsberichte des Wirtschafts- und Verkehrsministeriums Nordrhein Westfalen

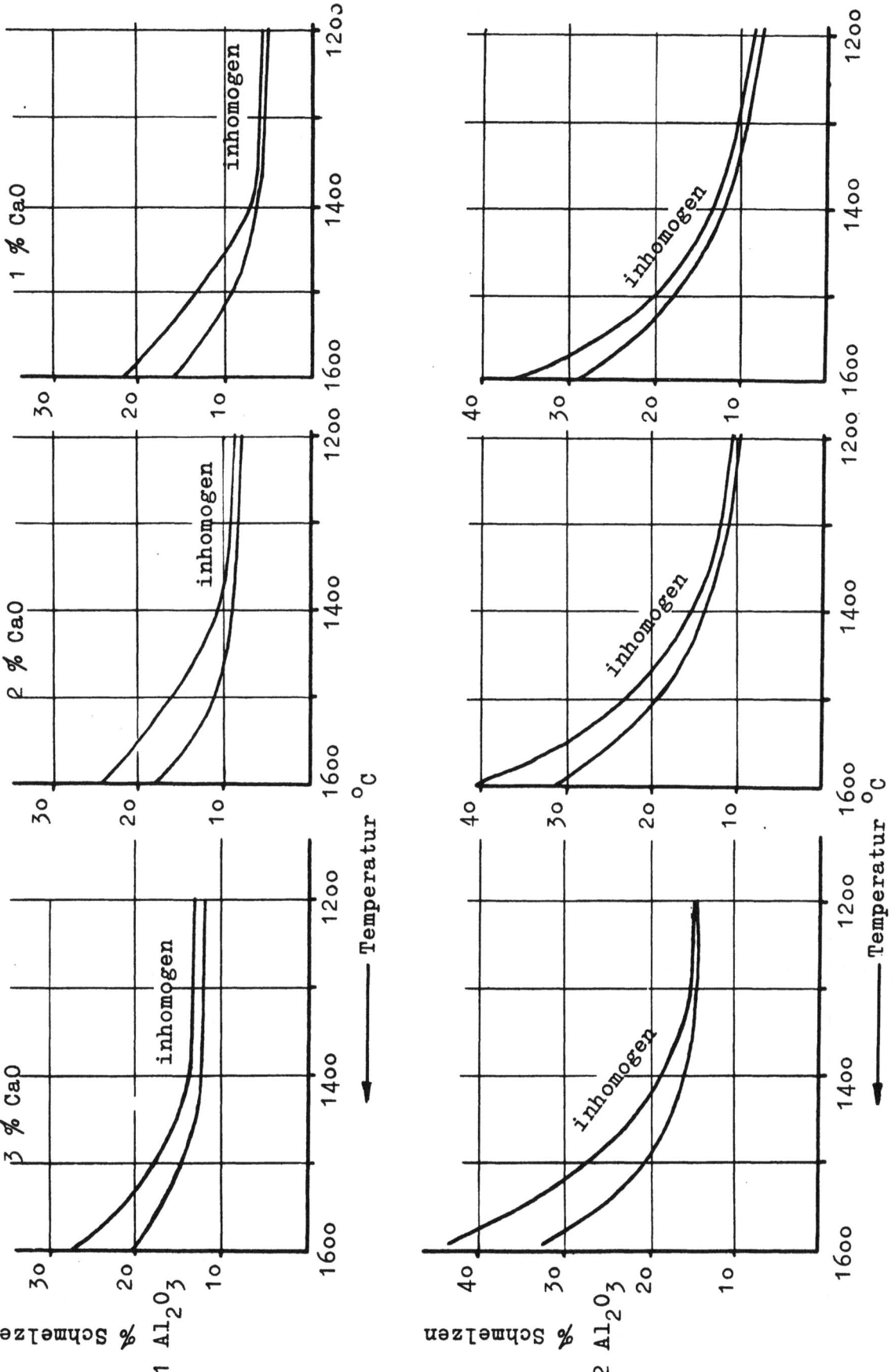

Abbildung 14

Schmelzgehalte in Abhängigkeit von der Temperatur bei homogener und im Verhältnis von 2 : 1 inhomogener Verteilung

dh., es wandern Ti-haltige Kalksilikatschmelzen. Diese Tatsache kann man dem Vierstoffdiagramm $CaO - TiO_2 - Al_2O_3 - SiO_2$ [22] entnehmen, da es zur Bildung von $CaO \cdot TiO_2 \cdot SiO_2$-(Sphene oder Titanit)-haltigen Schmelzen kommt. Interessanterweise haben Zusätze von TiO_2 oder dessen Verbindungen zur Silikamasse keinen Vorteil gebracht[5], da die zugesetzten Ti-Verbindungen vollständig als Ca-Ti-Silikate abwandern. Das TiO_2 ist bei niedrigen Temperaturen in SiO_2 unlöslich; es wird daher von der wandernden Kalk-Silikatschmelze erfaßt, während das TiO_2 im Quarzitkorn von der Schmelze nicht angegriffen und bei hohen Temperaturen schließlich vom Cristobalit in feste Lösung genommen wird.

Es wurde nun versucht, aus zahlreichen Daten über die Haltbarkeit von Gewölben, welche uns Stahlwerke und auch Herstellerfirmen zur Verfügung stellten, eine vergleichende Auswertung zum Al_2O_3-Gehalt vorzunehmen. Um Vergleiche zwischen den einzelnen Werken ziehen zu können, wurden relative Haltbarkeiten gebildet, dh. die Haltbarkeit von Gewölben aus Silikasteinen mit einem Al_2O_3-Gehalt von 0,8 - 0,9 % jeweils = 1 gesetzt, da für diesen Gehalt die meisten Bezugswerte vorlagen (Abbildung 15). Auch Vergleichsziffern aus Diskussionsbemerkungen in Sitzungen des Iron Steel Institutes [5, 26] wurden verwendet (rechteckige Felder).

Der Zusammenhang zwischen dem Al_2O_3-Gehalt der Silikasteine und der Gewölbehaltbarkeit ist klar erkenntlich. Eine gewisse Unsicherheit besteht noch in den stark streuenden Angaben über die Haltbarkeit von Silikasteinen mit extrem niedrigem Al_2O_3-Gehalt. Vielleicht spielen auch noch andere Einflüsse, wie Schwankungen im TiO_2-Gehalt oder die noch nicht vollständig geklärte Unsicherheit in den Analysenwerten eine Rolle.

Für die Haltbarkeit der Silikasteine ist demnach der ursprüngliche Al_2O_3-Gehalt ein maßgeblicher Faktor, auch wenn die heißen Innenschichten durch Abwanderung sehr arm an Al_2O_3 sind; der Al_2O_3-Gehalt kann also nicht direkt durch die Bildung einer beträchtlichen Menge an Schmelze schädlich sein. Man muß sich vorstellen, daß zu Beginn der Ofenreise die Al_2O_3-haltigen Schmelzen abwandern, wodurch Porosität und Permeabilität erhöht werden. Die aus der Ofenatmosphäre auftreffenden Flußmittel verschlacken dann die veränderte Innenschicht stärker. Während der Ofenreise wird immer wieder durch die Abnahme der Steindicke die Al_2O_3-haltige Schmelze von der heißen Seite weggedrängt und eine im gleichen Maß

Forschungsberichte des Wirtschafts- und Verkehrsministeriums Nordrhein Westfalen

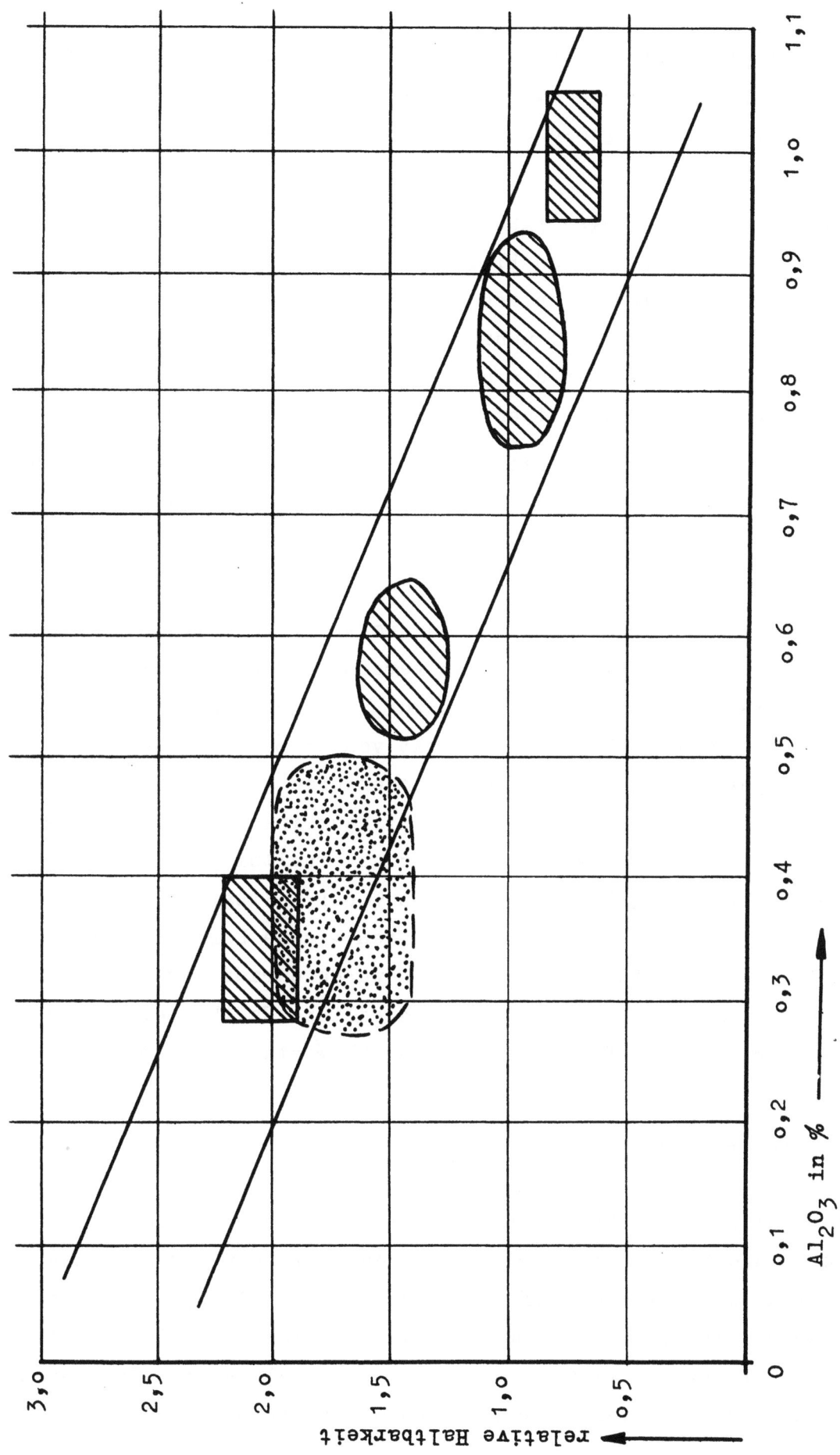

Abbildung 15

Relative Haltbarkeit von Silikagewölben und Al_2O_3-Gehalt der Steine

veränderte heiße Innenfläche des Steins geschaffen. Es ist daher verständlich, daß der Tropfpunkt des Steins konstant bleibt, da die veränderte Innenfläche immer etwa die gleiche Menge Flußmittel aus der Ofenatmosphäre aufnimmt.

Für die Stärke des Zerstörungsvorganges ist neben der Temperaturhöhe die auftreffende Konzentration an Flußmitteln, in geringerem Maße auch deren relative Zusammensetzung entscheidend. Bezeichnenderweise wurden alle Versuchsgewölbe im Scheitel weniger verschlissen als oberhalb der Wände, an welchen Stellen durch die schraubenförmige Entwicklung der Flamme erhöhte Mengen an Staub und Eisenoxyd herangebracht werden.

Aus dem bisherigen Versuchsmaterial kann man ungefähr die folgenden Anforderungen an die analytischen Werte für Steine von Siemens-Martin-Ofengewölben stellen (Tabelle 6).

Über die Bedeutung der Porosität lag ursprünglich wenig Zahlenmaterial vor, da die Steine der Versuchsgewölbe und weiterer Vergleichsproben eine Porosität von 19 - 22 % hatten. Aus verschiedenen Unterlagen, welche von Feuerfest-Werken und Stahlwerken zur Verfügung gestellt wurden, konnte ermittelt werden, daß eine Porosität von 25 % häufig zu Klagen führte. Diese Angaben wurden dann freundlicherweise von Herrn Dr. FRERICH bestätigt und dahingehend erweitert, daß Silikasteine aus dem gleichen Rohstoff, die aufgrund besonderer Herstellungsverhältnisse eine Porosität von 25 % hatten, im Gewölbe nur etwa 60 % der Haltbarkeit ergaben, wenn sie - beim üblichen Herstellungsverfahren - eine Porosität von etwa 20 % hatten (Tabelle 7). Von einigen Seiten wurde darauf verwiesen, daß bei scharf gehenden Öfen auch eine unterschiedliche Haltbarkeit beobachtet wurde, wenn die Porosität der Steine nur 17 % statt, wie meistens, um 20 % betrug.

In einem früheren Abschnitt wurde gezeigt, daß das Al_2O_3 von der heißen Seite des Steins in Form einer komplexen Silikatschmelze abwandert und damit - zumindest intermediär - eine zusätzliche Porosität schafft. Es sollte daher die Summe der Porosität und des Volumens der Schmelzmenge ein Gütemaß sein. Aus dem Schmelzdiagramm $CaO - Al_2O_3 - SiO_2$ und aus dem Glasanteil in Silikasteinen kann man schätzen, daß die Schmelzmenge etwa das 12fache des Al_2O_3-Gehaltes ist. Da kein großer Unterschied in den spez. Gewichten besteht, kann in erster Annäherung der Anteil

Tabelle 6
Anforderungen an die analytischen Werte von Steinen
für Siemens-Martin-Gewölbe

		Sonderfälle
Al_2O_3	max. 1 %	max. 0,6 %
$K_2O + Na_2O$	max. 0,4 %	max. 0,2 %
TiO_2	um 1 % (vielleicht max. 2 %)	
CaO	max. 2,5 %	max. 2 %
Fe_2O_3	bedeutungslos (vielleicht max. 4 %)	

Tabelle 7
Abhängigkeit der Haltbarkeit von der Porosität

Porosität	Schmelzen	ta-Wert
> 25	250	1670 - 1690°
23-25	350	1670 - 1690°
21-23	450	1670 - 1690°
19-21	550	1670 - 1690°

Tabelle 8
Vergleichende Tabelle einiger Silikasteine

Stein	Porosität %	Permeabilität Milli-Darcy	KDF
1	19,4	20	670
2	19,6	150	390
3	19,4	47	400
4	22,1	110	200

der Schmelzmenge dem Volumenanteil gleichgesetzt werden. Demnach würde die kritische Summe (25 % Porosität + 12 x 1,0 % Al_2O_3) ungefähr 40 % sein in Übereinstimmung mit der Erfahrung, daß die Schlackenbeständigkeit feuerfester Steine mit einer Porosität von über 40 % im allgemeinen sehr gering ist.

Vollkommen unklar war ursprünglich die Bedeutung der Permeabilität eines Silikasteins für dessen Haltbarkeit. Es ist zwar allgemein bekannt, daß sich "mürbe" Steine ungünstig verhalten, und man schloß diese aus Lieferungen durch Festlegung einer Mindestfestigkeit aus. Da aber der Festigkeitswert auch durch andere Faktoren, wie Gehalt und Verteilung der Flußmittel und Korngrößenmaßnahmen, beeinflußt wird, ist er kein eindeutiges Vergleichsmaß. Andererseits haben mürbe Steine eine sehr hohe Gasdurchlässigkeit, sodaß es naheliegend ist, der Permeabilität eine entsprechende Bedeutung beizulegen. Hohe Permeabilität bei gleicher Porosität bedeutet nicht, wie manchmal irrtümlich angenommen wird, eine große innere Oberfläche, sondern große Poren, welche den ungünstigen Faktor der Porosität bei der Verschlackung rascher zur Wirkung kommen lassen. Von Herrn Dr. SAMSON wurde mitgeteilt, daß Silikasteine, die aus dem gleichen Rohstoff und unter sonst vergleichbaren Bedingungen hergestellt worden waren, bei nur sehr geringen Porositätsunterschieden beträchtliche gegenläufige Unterschiede in der Kaltdruckfestigkeit und in der Permeabilität erkennen ließen (Tabelle 8, Stein 3 u. 4), wobei die Erfahrung lehrt, daß die Steine mit den ungünstigeren Permeabilitäts- bzw. Festigkeitswerten auch eine ungünstigere Haltbarkeit ergaben. Es wurde dies durch Vergleichssteine, die von anderer Seite zur Verfügung gestellt wurden, direkt bestätigt (Tabelle 8, Steine 1 u. 2). Eine Durchsicht der an verschiedenen Stellen vorliegenden Werte für die Gasdurchlässigkeit bestätigte, daß die Silikagewölbesteine eine Permeabilität von etwa 30-60 Milli-Darcy hatten, und die Begrenzung bei etwa 100 Milli-Darcy anzusetzen ist.

Zum Abschluß der Überlegungen und zur Kontrolle sind in Tabelle 9 Prüfwerte von englischen Silikasteinen nach steigender Haltbarkeit geordnet, Steine der Gruppen 2a und 2b verhielten sich besser als jene der Gruppe 1, wurden aber untereinander nicht verglichen. Der Unterschied ist auf den geringeren Al_2O_3-Wert zurückzuführen. Steine der Gruppe 3 verhielten sich wesentlich besser als die der beiden anderen Gruppen. Der Unterschied

Tabelle 9
Haltbarkeit der Silikagewölbesteine nach MACKENZIE

	1	2a	2b	3
Al_2O_3	1,16	0,36	0,21	0,29
TiO_2	0,03	0,03	-	1,72
Porosität	24,2	24,8	21,6	17,2
Permeabilität	165	150	261	30
KDF	-	144	115	-

Tabelle 10 a
Deutsche Steine nach fallender Haltbarkeit

Stein	Fe_2O_3	CaO	TiO_2	Al_2O_3	spez. Gew.	Por. %	Perm. Milli-Darcy	KDF	t_a °C	t_e °C	Standzeit b. 1660° (Min)
A	1,4	0,65	0,15	0,4	2,43						
B	0,4	1,65	0,9	0,4	2,40	18,6			1685	1703	14
C	0,5	2,0	0,75	0,6	2,40	19,4	20	670	1690	1698	11
D	0,3	2,5	0,9	0,6	2,38	20,6	60	400	1690	-	6
E	0,45	2,0	0,75	0,6	2,40	19,6	150	390	1675	1683	5
F	0,6	2,1	0,6	0,7	2,36	21	60	500	1690	-	0

der Gruppe 3 zur Gruppe 2b kann nicht auf den Al_2O_3-Gehalt zurückgeführt werden, sondern wird durch die niedrigere Porosität, in erster Linie aber durch die niedrige Permeabilität bedingt.

Die bisherigen Ausführungen haben nicht auf den Druckfeuerbeständigkeitswert der Silikasteine Bezug genommen, da die Verschleißvorgänge keinesfalls direkt mit dem Erweichungsverhalten des Steins im Anlieferungszustand verknüpft sind.

Die Druckfeuerbeständigkeitswerte werden nach einem durch Konvention festgelegten Verfahren ermittelt. ta-Werte von $1690°$-$1700°C$ und te-Werte von $1700°$-$1710°C$ liegen so nahe an dem Schmelzpunkt für reines SiO_2, daß bei gleichmäßiger Temperatur der Prüfkörper mit dem üblichen Flußmittelgehalt fast vollständig geschmolzen sein müßte. Bei den festgelegten Bedingungen für die Erhitzungsgeschwindigkeit besteht aber zwischen Meßstelle und dem Kern des Prüfkörpers eine Temperaturdifferenz von $30°$-$50°C$; bezeichnenderweise haben alle Silikasteine bei langsamer und stufenweiser Temperatursteigerung um $20°$ bei $1660°C$ innerhalb einer Viertelstunde den ta-Wert erreicht (Tabelle 10a). Die Steine dieser Tabelle sind nach fallender Haltbarkeit geordnet; es läßt sich erkennen, daß die Druckfeuerbeständigkeitsprüfung bei hochwertigen Steinen nichts mehr aussagt, während die "Langzeit"-Prüfung anscheinend der Haltbarkeit parallel geht.

Der Druckfeuerbeständigkeitswert sinkt mit höherem Flußmittelgehalt und steigender Porosität, aber auch mit abnehmender Festigkeit, bzw. mit größerer Permeabilität, da dann die Spannungsspitzen an den Porengrenzen stärker zur Wirkung kommen. Dieser gemeinsame Einfluß der verschiedenen Faktoren auf den ta-Wert haben diesen als Güteziffer in den Vordergrund treten lassem. Es muß aber darauf hingewiesen werden, daß er die Einflußgrößen nicht maßgerecht wiedergibt: So setzt ein Fe_2O_3-Gehalt von 2-4 % und ein TiO_2-Gehalt von 2-3 % wohl den ta-Wert um 20-$30°C$ herab, ohne daß dadurch - siehe die günstigen Erfahrungen mit Schwarzsilika-und silcrete-Steinen- die Güte des Steins herabgesetzt wird. Ein ta-Wert von etwa $1690°C$ liegt so hoch, daß sich Qualitätsunterschiede nicht mehr oder nicht mehr sehr scharf ausdrücken können (Tabelle 10b). Andererseits bleibt aber der ta-Wert innerhalb Lieferungen gleicher Produktion ein rasch zu ermittelnder und daher wichtiger Hinweis auf Qualitätsschwankungen.

Tabelle 10 b
Englische Steine mit ca. 1 ½-facher Haltbarkeit

(Normale Silika-Gewölbesteine)

Stein	Al_2O_3	Raumgewicht	Dichte	Gesamt-Porosität	DFB (ta-Wert)
1	0,75 %	1,72	2,32	25,8	1690°C
2	0,63	1,77	2,32	23,7	1680
3	0,75	1,73	2,32	25,4	1680
4	0,93	1,75	2,32	24,5	1680
5	0,67	1,78	2,40	25,6	1670
6	0,92	1,82	2,35	22,50	1690
7	0,91	1,75	2,33	24,8	1680

(Super-duty - Silika-Gewölbesteine)

Stein	Al_2O_3	Raumgewicht	Dichte	Gesamt-Porosität	DFB (ta-Wert)
1	0,45	1,91	2,34	18,3	1680
2	0,56	1,83	2,32	21,1	1680
3	0,60	1,94	2,33	16,7	1680
4	0,28	1,80	2,32	22,4	1690

Forschungsberichte des Wirtschafts- und Verkehrsministeriums Nordrhein Westfalen

Tabelle 11

Vorschläge zur Qualitätsbeurteilung von Silika-Gewölbesteinen

	Forschg.-Inst.	Sonder-fälle	Stahlwerke E	Stahlwerke F	Stahlwerke G	Feuerfest-Firmen I	Feuerfest-Firmen II	Feuerfest-Firmen III	Vorschriften 1944	RIGBY England	HALM Frankr.	USA
Al_2O_3	max. 1,0	max. 0,6		max. 0,6	max. 1,0		max. 1,0		max. 2,0	<1	<1	
K_2O+Na_2O	max. 0,4	max. 0,2		max. 0,3				(0,8 kann schlecht sein) (1,2 kann gut sein)	hü. Tonerde	<0,4	?	<0,8-1,0
TiO_2	max. 2,0									bedeutungslos	bedeutungslos	
CaO	max. 2,5	max. 2,0		0,5-2,0	1,5-2,0				max. 3,5	<2	<2,5	<2,5
Fe_2O_3	max. 4,0									beliebig	beliebig	
ta	min. 1670	min. 1690	min. 1670	min. 1690	Angabe notwend.	nicht allein maßgebl.	nicht dch. d. and. Begrenz. erfüllt	allein charakt.	min. 1670			
Poros. %	max. 23	max. 20	19-21	17-20	18-20	ca. 17	max. 25		max. 20	<19 % bess. 17 %	<22	<25 (24-30)
Perm. Milli-Darcy	max. 100									niedrig		
KDF kg/cm²	min. 250						üb. 250		min. 350			
spez. Gew.	2,40-2,44	2,36-2,42	2,40-2,44		2,38-2,44		2,40-2,43		2,40-2,45	<2,36	<2,38	<2,38

Seite 46

Nach den vorliegenden Erfahrungen in England und den bisherigen eigenen Untersuchungen erscheint es nicht ausgeschlossen, daß längeres Erhitzen z.B. bei 1660°C die Qualitätsunterschiede schärfer erkennen läßt.

Die im Vorhergehenden abgeleiteten Werte für Silikasteine wurden mehreren Werken der Stahlindustrie und der Feuerfest-Industrie vorgelegt und zusammen mit französischen und englischen Auffassungen in Tabelle 11 vereinigt. Im deutschen Raum sind die Stellungnahmen nahezu einheitlich und in weitgehender Übereinstimmung mit den Auffassungen im Ausland. Dieses verlangt aber Silikasteine mit höherem Umwandlungsgrad, während die deutschen Stahlwerke Silikasteine mit einem spez. Gewicht um 2,40 bevorzugen. Diese Einstellung wurde auch durch die eigenen Versuche bestätigt. Es ist noch offen, ob die zum Teil ungünstigen Erfahrungen im Ausland mit Steinen mittlerer Umwandlung auf ein stärkeres Nachwachsen der meist verwendeten Felsquarzite oder auf eine zu starre Einspannung im Gewölbe zurückzuführen ist.

Die vorliegende Arbeit wurde im engsten Einvernehmen zwischen der Feuerfest-Industrie und der Stahlindustrie durchgeführt und in weiterem Verfolg von beiden Seiten rückhaltslos Erfahrungen und sachliche Argumente vorgebracht, um das Ziffermaterial zu einem geschlossenen Ganzen abrunden zu lassen; allen Beteiligten wird hierfür herzlichst gedankt.

Dr.-Ing. K. KONOPICKY
Forschungs-Institut der Feuerfest-Industrie, Bonn

5. Literaturverzeichnis

1. K.G. SPEITH u. G. ENGELS — Beurteilung von Siemens-Martin-Ofen-Gewölbesteinen durch Gewölbetemperatur-Messung. Stahl u. Eisen 70(1952) S.861/67

2. The. IRON & STEEL — Inst. Spec. Rep. 26 (1939) S. 42

3. H.M. KRANER — Qualitätsbestimmung von Silikasteinen Open Hearth Proc. 27 (1944) 303/09

4. R.E. BIRCH — Feuerfeste Steine für das Siemens-Martin-Ofengewölbe. Open Hearth Proc. 27 (1944) 310/13

5. J. MACKENZIE — Silikasteine mit niedrigem Al_2O_3-Gehalt; Eigenschaften und Verformung. Trans.Brit. Cer.Soc. 51 (1952) 139

6. W.S. DEBENHAM u. G.R. EUSNER — Qualität von Silikasteinen. Open Hearth Proc. 1951, 129/41

7. G. van GIJN u. T. KEISER — Diskussion der Arbeit von J.Mackenzie; Silikasteine mit niedrigem Al_2O_3-Gehalt; Eigenschaften u. Verformung. Trans.Brit. Cer.Soc. 51(1952)161/62

8. L. HALM — Eine besondere Prüfmethode für Silikasteine. Silicates Ind. 14(1949) 1/8

9. B.M. LARSEN, F.W. SCHROEDER, E.N. BAUER u. J.W. CAMPBELL — Feuerfeste Baustoffe in Siemens-Martinöfen. Verl. Spanner, Leipzig 1930

10. J.H. CHESTERS — Steelplant Refractories. Verl. Lund Humphries & Co. London 1946

11. F.H. CLEWS u. A.T. GREEN — Kennzeichen der Permeabilität in Beziehung zur Textur von feuerfestem Material und ihr Gebrauch in Gas-Retorten. Bull. Brit.Refr.Res.Ass. 27 (1932) 3/13

12. G.B. REMMEY — Einige Eigenschaften von "Semi-Silikasteinen". Journ.Amer.Cer.Soc. 22 (1939) 193/99

13. H.M. KRANER u. C.N. JEWART — Anheizen von Siemens-Martinöfen. Ind. Heat 20 (1953) 547

14. E.M. CORTES — Erfahrungen mit einem Kastengewölbe bei einem 40-t-Siemens-Martinofen. Stahl u. Eisen 72 (1952) 10/12

15. J.E. COMEFORO u. R.K. HURSH — Benetzung von Al_2O_3-SiO_2 ff. Körpern durch geschmolzenes Glas. Journ. Amer. Cer. Soc. 35 (1952) 130/34, 142/48

16. A.J. DALL — Prüfung und Verhalten von Feuerfestem Material unter Spannung bei hohen Temperaturen. Trans. Brit. Cer. Soc. 26 (1926/27) 138/55

17. F. FROMM — Die Wärmedehnung von Silikasteinen. Archiv f. Eisenhütt. Wes. 7 (1933/34) 381/84

18. R.J.M. WITHERS — Druckmessungen zwischen Steinen im Siemens-Martinofen. The Iron & Steel Inst. Spec. Rep. 46 (1952) 51

19. K. KONOPICKY — Silikasteine im Glaswannenofen. Glastechn. Ber. 15 (1952) 12/17

20. K. KONOPICKY — Die Wanderung von Schlackenbestandteilen in Silikasteinen. (Stahl u. Eisen).

21. A.E. DODD — Beeinflussung der Lebensdauer eines Siemens-Martinofengewölbes. Journ. Iron Steel Inst. 11 (1941) 218

22. M. AGAMAWI u. J. WHITHE — Das Quaternäre System CaO-Al_2O_3-TiO_2-SiO_2. Trans. Brit. Cer. Soc. 52 (1953) 271/310

23. R.W. RICKER u. F.A. HUMMEL — Reaktionen im System TiO_2-SiO_2. Journ. Amer. Cer. Soc. 34 (1951) 271/79

24. Y.M. AGAMAWY u. J. WHITE — Das System SiO_2-TiO_2-Al_2O_3. Trans. Brit. Cer. Soc. 51 (1952) 293

25. L. HALM — Die Rolle des Al-Gehaltes in feuerfesten Produkten. Silicates Ind. 1951 77/88

26. The IRON & StEEL — Der ganz-basische Siemens-Martinofen. Inst. Spec. Rep. 46 (1952)

FORSCHUNGSBERICHTE DES WIRTSCHAFTS- UND VERKEHRSMINISTERIUMS NORDRHEIN-WESTFALEN

Herausgegeben von Staatssekretär Prof. Leo Brandt

Heft 1:
Prof. Dr.-Ing. Eugen Flegler, Aachen
Untersuchungen oxydischer Ferromagnet-Werkstoffe

Heft 2:
Prof. Dr. phil. Walter Fuchs, Aachen
Untersuchungen über absatzfreie Teeröle

Heft 3:
Techn.-Wissenschaftl. Büro für die Bastfaserindustrie, Bielefeld
Untersuchungsarbeiten zur Verbesserung des Leinenwebstuhls

Heft 4:
Prof. Dr. E. A. Müller u. Dipl.-Ing. H. Spitzer, Dortmund
Untersuchungen über die Hitzebelastung in Hüttenbetrieben

Heft 5:
Dipl.-Ing. Werner Fister, Aachen
Prüfstand der Turbinenuntersuchungen

Heft 6:
Prof. Dr. phil. Walter Fuchs, Aachen
Untersuchungen über die Zusammensetzung und Verwendbarkeit von Schwelteerfraktionen

Heft 7:
Prof. Dr. phil. Walter Fuchs, Aachen
Untersuchungen über emsländisches Petrolatum

Heft 8:
Maria Elisabeth Meffert und Heinz Stratmann, Essen
Algen-Großkulturen im Sommer 1951

Heft 9:
Techn.-Wissenschaftl. Büro für die Bastfaserindustrie, Bielefeld
Untersuchungen über die zweckmäßige Wicklungsart von Leinengarnkreuzspulen unter Berücksichtigung der Anwendung hoher Geschwindigkeiten des Garnes
Vorversuche für Zetteln und Schären von Leinengarnen auf Hochleistungsmaschinen

Heft 10:
Prof. Dr. Wilhelm Vogel, Köln
„Das Streifenpaar" als neues System zur mechanischen Vergrößerung kleiner Verschiebungen und seine technischen Anwendungsmöglichkeiten

Heft 11:
Laboratorium für Werkzeugmaschinen und Betriebslehre, Technische Hochschule Aachen
1. Untersuchungen über Metallbearbeitung im Fräsvorgang mit Hartmetallwerkzeugen und negativem Spanwinkel
2. Weiterentwicklung des Schleifverfahrens für die Herstellung von Präzisionswerkstücken unter Vermeidung hoher Temperaturen
3. Untersuchung von Oberflächenveredlungsverfahren zur Steigerung der Belastbarkeit hochbeanspruchter Bauteile

Heft 12:
Elektrowärme-Institut, Langenberg (Rhld.)
Induktive Erwärmung mit Netzfrequenz

Heft 13:
Techn.-Wissenschaftl. Büro für die Bastfaserindustrie, Bielefeld
Das Naßspinnen von Bastfasergarnen mit chemischen Zusätzen zum Spinnbad

Heft 14:
Forschungsstelle für Acetylen, Dortmund
Untersuchungen über Aceton als Lösungsmittel für Acetylen

Heft 15:
Wäschereiforschung Krefeld
Trocknen von Wäschestoffen

Heft 16:
Max-Planck-Institut für Kohlenforschung, Mülheim a. d. Ruhr
Arbeiten des MPI für Kohlenforschung

Heft 17:
Ingenieurbüro Herbert Stein, M. Gladbach
Untersuchung der Verzugsvorgänge in den Streckwerken verschiedener Spinnereimaschinen. 1. Bericht: Vergleichende Prüfung mit verschiedenen Dickenmeßgeräten

Heft 18:
Wäschereiforschung Krefeld
Grundlagen zur Erfassung der chemischen Schädigung beim Waschen

Heft 19:
Techn.-Wissenschaftl. Büro für die Bastfaserindustrie, Bielefeld
Die Auswirkung des Schlichtens von Leinengarnketten auf den Verarbeitungswirkungsgrad, sowie die Festigkeits- und Dehnungsverhältnisse der Garne und Gewebe

Heft 20:
Techn.-Wissenschaftl. Büro für die Bastfaserindustrie, Bielefeld
Trocknung von Leinengarnen I
Vorgang und Einwirkung auf die Garnqualität

Heft 21:
Techn.-Wissenschaftl. Büro für die Bastfaserindustrie, Bielefeld
Trocknung von Leinengarnen II
Spulenanordnung und Luftführung beim Trocknen von Kreuzspulen

Heft 22:
Techn.-Wissenschaftl. Büro für die Bastfaserindustrie, Bielefeld
Die Reparaturanfälligkeit von Webstühlen

Heft 23:
Institut für Starkstromtechnik, Aachen
Rechnerische und experimentelle Untersuchungen zur Kenntnis der Metadyne als Umformer von konstanter Spannung auf konstanten Strom

Heft 24:
Institut für Starkstromtechnik, Aachen
Vergleich verschiedener Generator-Metadyne-Schaltungen in bezug auf statisches Verhalten

Heft 25:
Gesellschaft für Kohlentechnik mbH., Dortmund-Eving
Struktur der Steinkohlen und Steinkohlen-Kokse

Heft 26:
Techn.-Wissenschaftl. Büro für die Bastfaserindustrie, Bielefeld
Vergleichende Untersuchungen zweier neuzeitlicher Ungleichmäßigkeitsprüfer für Bänder und Garne hinsichtlich Ihrer Eignung für die Bastfaserspinnerei

Heft 27:
Prof. Dr. E. Schratz, Münster
Untersuchungen zur Rentabilität des Arzneipflanzenanbaues
Römische Kamille, Anthemis nobilis L.

Heft: 28:
Prof. Dr. E. Schratz, Münster
Calendula officinalis L.
Studien zur Ernährung, Blütenfüllung und Rentabilität der Drogengewinnung

Heft 29:
Techn.-Wissenschaftl. Büro für die Bastfaserindustrie, Bielefeld
Die Ausnützung der Leinengarne in Geweben

Heft 30:
Gesellschaft für Kohlentechnik mbH., Dortmund-Eving
Kombinierte Entaschung und Verschwelung von Steinkohle; Aufarbeitung von Steinkohlenschlämmen zu verkokbarer oder verschwelbarer Kohle

Heft 31:
Dipl.-Ing. Störmann, Essen
Messung des Leistungsbedarfs von Doppelsteg-Kettenförderern

Heft 32:
Techn.-Wissenschaftl. Büro für die Bastfaserindustrie, Bielefeld
Der Einfluß der Natriumchloridbleiche auf Qualität und Verwebbarkeit von Leinengarnen und die Eigenschaften der Leinengewebe unter besonderer Berücksichtigung des Einsatzes von Schützen- und Spulenwechselautomaten in der Leinenweberei

Heft 33:
Kohlenstoffbiologische Forschungsstation e. V.
Eine Methode zur Bestimmung von Schwefeldioxyd und Schwefelwasserstoff in Rauchgasen und in der Atmosphäre

Heft 34:
Textilforschungsanstalt Krefeld
Quellungs- und Entquellungsvorgänge bei Faserstoffen

Heft 35:
Professor Dr. Wilhelm Kast, Krefeld
Feinstrukturuntersuchungen an künstlichen Zellulosefasern verschiedener Herstellungsverfahren

Heft 36:
Forschungsinstitut der feuerfesten Industrie, Bonn
Untersuchungen über die Trocknung von Rohton. Untersuchungen über die chemische Reinigung von Silika- und Schamotte-Rohstoffen mit chlorhaltigen Gasen

Heft 37:
Forschungsinstitut der feuerfesten Industrie, Bonn
Untersuchungen über den Einfluß der Probenvorbereitung auf die Kaltdruckfestigkeit feuerfester Steine

Heft 38:
Forschungsstelle für Acetylen, Dortmund
Untersuchungen über die Trocknung von Acetylen zur Herstellung von Dissousgas

Heft 39:
Forschungsgesellschaft Blechverarbeitung e. V., Düsseldorf
Untersuchungen an prägegemusterten und vorgelochten Blechen

Heft 40:
Landesgeologe Dr.-Ing. W. Wolff, Amt für Bodenforschung, Krefeld
Untersuchungen über die Anwendbarkeit geophysikalischer Verfahren zur Untersuchung von Spateisengängen im Siegerland

Heft 41:
Techn.-Wissenschaftl. Büro für die Bastfaserindustrie, Bielefeld
Untersuchungsarbeiten zur Verbesserung des Leinenwebstuhles II

Heft 42:
Professor Dr. Burckhardt Helferich, Bonn
Untersuchungen über Wirkstoffe — Fermente — in der Kartoffel und die Möglichkeit ihrer Verwendung

Heft 43:
Forschungsgesellschaft Blechverarbeitung e. V., Düsseldorf
Forschungsergebnisse über das Beizen von Blechen

Heft 44:
Arbeitsgemeinschaft für praktische Dehnungsmessung, Düsseldorf
Eigenschaften und Anwendungen von Dehnungsmeßstreifen

Heft 45:
Losenhausenwerk Düsseldorfer Maschinenbau AG., Düsseldorf
Untersuchungen von störenden Einflüssen auf die Lastgrenzenanzeige von Dauerschwingprüfmaschinen

Heft 46:
Professor Dr. phil. W. Fuchs, Aachen
Untersuchungen über die Aufbereitung von Wasser für die Dampferzeugung in Benson-Kesseln

Heft 47:
Prof. Dr.-Ing. habil. Karl Krekeler, Aachen
Versuche über die Anwendung der induktiven Erwärmung zum Sintern von hochschmelzenden Metallen sowie zur Anlegierung und Vergütung von aufgespritzten Metallschichten mit dem Grundwerkstoff.

Heft 48:
Max-Planck-Institut für Eisenforschung, Düsseldorf
Spektrochemische Analyse der Gefügebestandteile in Stählen nach ihrer Isolierung

Heft 49:
Max-Planck-Institut für Eisenforschung, Düsseldorf
Untersuchungen über Ablauf der Desoxydation und die Bildung von Einschlüssen in Stählen

Heft 50:
Max-Planck-Institut für Eisenforschung, Düsseldorf
Flammenspektralanalytische Untersuchung der Ferritzusammensetzung in Stählen

Heft 51:
Verein zur Förderung von Forschungs- und Entwicklungsarbeiten in der Werkzeugindustrie e. V., Remscheid
Untersuchungen an Kreissägeblättern für Holz, Fehler- und Spannungsprüfverfahren

Heft 52:
Forschungsstelle für Azetylen, Dortmund
Untersuchungen über den Umsatz bei der explosiblen Zersetzung von Azetylen
  a) Zersetzung von gasförmigem Azetylen,
  b) Zersetzung von an Silikagel adsorbiertem Azetylen

Heft 53:
Professor Dr.-Ing. H. Opitz, Aachen
Reibwert- und Verschleißmessungen an Kunststoffgleitführungen für Werkzeugmaschinen

Heft 54:
Professor Dr.-Ing. habil. F. A. F. Schmidt, Aachen
Schaffung von Grundlagen für die Erhöhung der spez. Leistung und Herabsetzung des spez. Brennstoffverbrauches bei Ottomotoren mit Teilbericht über Arbeiten an einem neuen Einspritzverfahren

Heft 55:
Forschungsgesellschaft Blechverarbeitung, Düsseldorf
Chemisches Glänzen von Messing und Neusilber

Heft 56:
Forschungsgesellschaft Blechverarbeitung, Düsseldorf
Untersuchungen über einige Probleme der Behandlung von Blechoberflächen

Heft 57:
Prof. Dr.-Ing. habil. F. A. F. Schmidt, Aachen
Untersuchungen zur Erforschung des Einflusses des chemischen Aufbaues des Kraftstoffes auf sein Verhalten im Motor und in Brennkammern von Gasturbinen.

Heft 58:
Gesellschaft für Kohlentechnik m. b. H., Dortmund
Herstellung und Untersuchung von Steinkohlenschwelteer.

Heft 59:
Forschungsinstitut der Feuerfest-Industrie, Bonn
Ein Schnellanalysenverfahren zur Bestimmung von Aluminiumoxyd, Eisenoxyd und Titanoxyd in feuerfestem Material mittels organischer Farbreagenzien auf photometrischem Wege
Untersuchungen des Alkali-Gehaltes feuerfester Stoffe mit dem Flammenphotometer nach Riehm-Lange

Heft 60:
Forschungsgesellschaft Blechverarbeitung e. V., Düsseldorf
Untersuchungen über das Spritzlackieren im elektrostatischen Hochspannungsfeld

Heft 61:
Verein zur Förderung von Forschungs- und Entwicklungsarbeiten in der Werkzeugindustrie e. V., Remscheid
Schwingungs- und Arbeitsverhalten von Kreissägeblättern für Holz

Heft 62:
Professor Dr. W. Franz, Institut für theoretische Physik der Universität Münster
Berechnung des elektrischen Durchschlags durch feste und flüssige Isolatoren

Heft 63:
Textilforschungsanstalt Krefeld
Neue Methoden zur Untersuchung der Wirkungsweise von Textilhilfsmitteln
Untersuchungen über Schlichtungs- und Entschlichtungsvorgänge

Heft 64:
Textilforschungsanstalt Krefeld
Die Kettenlängenverteilung von hochpolymeren Faserstoffen
Über die fraktionierte Fällung von Polyamiden

Heft 65:
Fachverband Schneidwarenindustrie, Solingen
Untersuchungen über das elektrolytische Polieren von Tafelmesserklingen aus rostfreiem Stahl

Heft 66:
Dr.-Ing. Peter Füsgen VDI †, Düsseldorf
Untersuchungen über das Auftreten des Ratterns bei selbsthemmenden Schneckengetrieben und seine Verhütung

Heft 67:
Heinrich Wösthoff o. H. G., Apparatebau, Bochum
Entwicklung einer chemisch-physikalischen Apparatur zur Bestimmung kleinster Kohlenoxyd-Konzentrationen

Heft 68:
Kohlenstoffbiologische Forschungsstation e. V., Essen
Algengroßkulturen im Sommer 1952
II. Über die unsterile Großkultur von Scenedesmus obliquus

Heft 69:
Wäschereiforschung Krefeld
Bestimmung des Faserabbaues bei Leinen unter besonderer Berücksichtigung der Leinengarnbleiche

Heft 70:
Wäschereiforschung Krefeld
Trocknen von Wäschestoffen

Heft 71:
Prof. Dr.-Ing. K. Leist, Aachen
Kleingasturbinen, insbesondere zum Fahrzeugantrieb

Heft 72:
Prof. Dr.-Ing. K. Leist, Aachen
Beitrag zur Untersuchung von stehenden geraden Turbinengittern mit Hilfe von Druckverteilungsmessungen

Heft 73:
Prof. Dr.-Ing. K. Leist, Aachen
Spannungsoptische Untersuchungen von Turbinenschaufelfüßen

Heft 74:
Max-Planck-Institut für Eisenforschung, Düsseldorf
Versuche zur Klärung des Umwandlungsverhaltens eines sonderkarbidbildenden Chromstahls

Heft 75:
Max-Planck-Institut für Eisenforschung, Düsseldorf
Zeit-Temperatur-Umwandlungs-Schaubilder als Grundlage der Wärmebehandlung der Stähle

Heft 76:
Max-Planck-Institut für Arbeitsphysiologie, Dortmund
Arbeitstechnische und arbeitsphysiologische Rationalisierung von Mauersteinen

Heft 77:
Meteor Apparatebau Paul Schmeck G. m. b. H., Siegen
Entwicklung von Leuchtstoffröhren hoher Leistung

Heft 78:
Forschungsstelle für Acetylen, Dortmund
Über die Zustandsgleichung des gasförmigen Acetylens und das Gleichgewicht Acetylen—Aceton

Heft 79:
Techn.-Wissenschaftl. Büro für die Bastfaserindustrie, Bielefeld
Trocknung von Leinengarnen III
Spinnspulen- und Spinnkopstrocknung
Vorgang und Einwirkung auf die Garnqualität

Heft 80:
Techn.-Wissenschaftl. Büro für die Bastfaserindustrie, Bielefeld
Die Verarbeitung von Leinengarn auf Webstühlen mit und ohne Oberbau

Heft 81:
Prüf- und Forschungsinstitut für Ziegeleierzeugnisse, Essen-Kray
Die Einführung des großformatigen Einheits-Gitterziegels im Lande Nordrhein-Westfalen

Heft 82:
Vereinigte Aluminium-Werke AG., Bonn
Forschungsarbeiten auf dem Gebiet der Veredelung von Aluminium-Oberflächen

Heft 83:
Prof. Dr. S. Strugger, Münster
Über die Struktur der Proplastiden

Heft 84:
Dr. med. habil., Dr. phil. H. Baron, Düsseldorf
Über Standardisierung von Wundtextilien

Heft 85:
Textilforschungsanstalt Krefeld
Physikalische Untersuchungen an Fasern, Fäden, Garnen und Geweben:
Untersuchungen am Knickscheuergerät nach Weltzien

Heft 86:
Professor Dr.-Ing. H. Opitz, Aachen
Untersuchungen über das Fräsen von Baustahl sowie über den Einfluß des Gefüges auf die Zerspanbarkeit

Heft 87:
Gemeinschaftsausschuß Verzinken, Düsseldorf
Untersuchungen über Güte von Verzinkungen

Heft 88:
Gesellschaft für Kohlentechnik mbH., Dortmund-Eving
Oxydation von Steinkohle mit Salpetersäure

Heft 89:
Verein Deutscher Ingenieure, Gleitlagerforschung, Düsseldorf und Prof. Dr.-Ing. G. Vogelpohl, Göttingen
Versuche mit Preßstoff-Lagern für Walzwerke

Heft 90:
Forschungs-Institut der Feuerfest-Industrie, Bonn
Das Verhalten von Silikasteinen im Siemens-Martin-Ofengewölbe

Heft 91:
Forschungs-Institut der Feuerfest-Industrie, Bonn
Untersuchungen des Zusammenhangs zwischen Leistung und Kohlenverbrauch von Kammeröfen zum Brennen von feuerfesten Materialien

Heft 92:
Techn.-Wissenschaftl. Büro für die Bastfaserindustrie, Bielefeld und Laboratorium für textile Meßtechnik, M.-Gladbach
Messungen von Vorgängen am Webstuhl

Heft 93:
Prof. Dr. W. Kast, Krefeld
Spinnversuche zur Strukturerfassung künstlicher Zellulosefasern

Heft 94:
Prof. Dr. phil. habil. G. Winter, Bonn
Die Heilpflanzen des MATTHIOLUS (1611) gegen Infektionen der Harnwege und Verunreinigung der Wunden bzw. zur Förderung der Wundheilung im Lichte der Antibiotikaforschung

Heft 95:
Prof. Dr. phil. habil. G. Winter, Bonn
Untersuchungen über die flüchtigen Antibiotika aus der Kapuziner- (Tropaeolum maius) und Gartenkresse (Lepidium sativum) und ihr Verhalten im menschlichen Körper bei Aufnahme von Kapuziner- bzw. Gartenkressensalat per os

Heft 96:
Dr.-Ing. P. Koch, Dortmund
Austritt von Exoelektronen aus Metalloberflächen unter Berücksichtigung der Verwendung des Effektes für die Materialprüfung

Heft 97:
Ing. H. Stein, M.-Gladbach
Laboratorium für textile Meßtechnik
Untersuchung der Verzugsvorgänge an den Streckwerken verschiedener Spinnereimaschinen
2. Bericht: Ermittlung der Haft-Gleiteigenschaften von Faserbändern und Vorgarnen

Heft 98:
Fachverband Gesenkschmieden, Hagen
Die Arbeitsgenauigkeit beim Gesenkschmieden unter Hämmern

Heft 99:
Prof. Dr.-Ing. G. Garbotz, Aachen
Der Kraft- und Arbeitsaufwand sowie die Leistungen beim Biegen von Bewehrungsstählen in Abhängigkeit von den Abmessungen, den Formen und der Güte der Stähle (Ermittlung von Leistungsrichtlinien)

Heft 100:
Prof. Dr.-Ing. H. Opitz, Aachen
Untersuchungen von elektrischen Antrieben, Steuerungen und Regelungen an Werkzeugmaschinen

VERÖFFENTLICHUNGEN
DER ARBEITSGEMEINSCHAFT FÜR FORSCHUNG
DES LANDES NORDRHEIN-WESTFALEN

Im Auftrage des Ministerpräsidenten Karl Arnold
Herausgegeben von Staatssekretär Prof. Leo Brandt

Heft 1:
Prof. Dr.-Ing. Friedrich Seewald, Technische Hochschule Aachen
Neue Entwicklungen auf dem Gebiete der Antriebsmaschinen
Prof. Dr.-Ing. Friedrich A. F. Schmidt, Technische Hochschule Aachen
Technischer Stand und Zukunftsaussichten der Verbrennungsmaschinen, insbesondere der Gasturbinen
Dr.-Ing. R. Friedrich, Siemens-Schuckert-Werke A.-G., Mülheimer Werk
Möglichkeiten und Voraussetzungen der industriellen Verwertung der Gasturbine

Heft 2:
Prof. Dr.-Ing. Wolfgang Riezler, Universität Bonn
Probleme der Kernphysik
Prof. Dr. phil. Fritz Micheel, Universität Münster,
Isotope als Forschungsmittel in der Chemie und Biochemie

Heft 3:
Prof. Dr. med. Emil Lehnartz, Universität Münster
Der Chemismus der Muskelmaschine
Prof. Dr. med. Gunther Lehmann, Direktor des Max-Planck-Instituts für Arbeitsphysiologie, Dortmund
Physiologische Forschung als Voraussetzung der Bestgestaltung der menschlichen Arbeit
Prof. Dr. Heinrich Kraut, Max-Planck-Institut für Arbeitsphysiologie, Dortmund
Ernährung und Leistungsfähigkeit

Heft 4:
Prof. Dr. Franz Wever, Max-Planck-Institut für Eisenforschung, Düsseldorf
Aufgaben der Eisenforschung
Prof. Dr.-Ing. Hermann Schenck, Technische Hochschule Aachen
Entwicklungslinien des deutschen Eisenhüttenwesens
Prof. Dr.-Ing. Max Haas, Techn. Hochschule Aachen
Wirtschaftliche und technische Bedeutung der Leichtmetalle und ihre Entwicklungsmöglichkeiten

Heft 5:
Prof. Dr. med. Walter Kikuth, Medizinische Akademie Düsseldorf
Virusforschung
Prof. Dr. Rolf Danneel, Universität Bonn
Fortschritte der Krebsforschung
Prof. Dr. med. Dr. phil. W. Schulemann, Univ. Bonn
Wirtschaftliche und organisatorische Gesichtspunkte für die Verbesserung unserer Hochschulforschung

Heft 6:
Prof. Dr. Walter Weizel, Institut für theoretische Physik, Bonn
Die gegenwärtige Situation der Grundlagenforschung in der Physik
Prof. Dr. Siegfried Strugger, Universität Münster
Das Duplikantenproblem in der Biologie
Prof. Dr. Rolf Danneel, Universität Bonn
Über das Verhalten der Mitochondrien bei der Mitose der Mesenchymzellen des Hühner-Embryos
Direktor Dr. Fritz Gummert, Ruhrgas A.-G., Essen
Überlegungen zu den Faktoren Raum und Zeit im biologischen Geschehen und Möglichkeiten einer Nutzanwendung

Heft 7:
Prof. Dr.-Ing. August Götte, Technische Hochschule Aachen
Steinkohle als Rohstoff und Energiequelle
Prof. Dr. e. h. Karl Ziegler, Max-Planck-Institut für Kohlenforschung Mülheim a. d. Ruhr
Über Arbeiten des Max-Planck-Instituts für Kohlenforschung

Heft 8:
Prof. Dr.-Ing. Wilhelm Fucks, Technische Hochschule Aachen
Die Naturwissenschaft, die Technik und der Mensch
Prof. Dr. sc. pol. Walther Hoffmann, Universität Münster
Wirtschaftliche und soziologische Probleme des technischen Fortschritts

Heft 9:
Prof. Dr.-Ing. Franz Bollenrath, Technische Hochschule Aachen
Zur Entwicklung warmfester Werkstoffe
Dr. Heinrich Kaiser, Staatl. Materialprüfungsamt Dortmund
Stand spektralanalytischer Prüfverfahren und Folgerung für deutsche Verhältnisse

Heft 10:
Prof. Dr. Hans Braun, Universität Bonn
Möglichkeiten und Grenzen der Resistenzzüchtung
Prof. Dr.-Ing. Carl Heinrich Dencker, Universität Bonn
Der Weg der Landwirtschaft von der Energieautarkie zur Fremdenergie

Heft 11:
Prof. Dr.-Ing. Herwart Opitz, Technische Hochschule Aachen
Entwicklungslinien der Fertigungstechnik in der Metallbearbeitung
Prof. Dr.-Ing. Karl Krekeler, Technische Hochschule Aachen
Stand und Aussichten der schweißtechnischen Fertigungsverfahren

Heft: 12
Dr. Hermann Rathert, Mitglied des Vorstandes der Vereinigten Glanzstoff-Fabriken A.-G., Wuppertal-Elberfeld
Entwicklung auf dem Gebiet der Chemiefaser-Herstellung
Prof. Dr. Wilhelm Weltzien, Direktor der Textilforschungsanstalt Krefeld
Rohstoff und Veredlung in der Textilwirtschaft

Heft: 13
Dr.-Ing. e. h. Karl Herz, Chefingenieur im Bundesministerium für das Post- und Fernmeldewesen Frankfurt a. Main
Die technischen Entwicklungstendenzen im elektrischen Nachrichtenwesen
Ministerialdirektor Dipl.-Ing. Leo Brandt, Düsseldorf
Navigation und Luftsicherung

Heft 14:
Prof. Dr. Burckhardt Helferich, Universität Bonn
Stand der Enzymchemie und ihre Bedeutung
Prof. Dr. med. Hugo W. Knipping, Direktor der Med. Universitätsklinik Köln
Ausschnitt aus der klinischen Carcinomforschung am Beispiel des Lungenkrebses

Heft 15:
Prof. Dr. Abraham Esau, Technische Hochschule Aachen
Die Bedeutung von Wellenimpulsverfahren in Technik und Natur
Prof. Dr.-Ing. Eugen Flegler, Technische Hochschule Aachen
Die ferromagnetischen Werkstoffe in der Elektrotechnik und ihre neueste Entwicklung

Heft 16:
Prof. Dr. rer. pol. Rudolf Seyffert, Universität Köln
Die Problematik der Distribution
Prof. Dr. rer. pol. Theodor Beste, Universität Köln
Der Leistungslohn

Heft 17:
Prof. Dr.-Ing. Friedrich Seewald, Technische Hochschule Aachen
Die Flugtechnik und ihre Bedeutung für den allgemeinen technischen Fortschritt
Prof. Dr.-Ing. Edouard Houdremont, Essen
Art und Organisation der Forschung in einem Industriekonzern

Heft 18:
Prof. Dr. med. Dr. phil. W. Schulemann, Universität Bonn
Theorie und Praxis pharmakologischer Forschung
Prof. Dr. Wilhelm Groth, Direktor des Physikalisch-Chemischen Instituts, Universität Bonn
Technische Verfahren zur Isotopentrennung

Heft 19:
Dipl.-Ing. Kurt Traenckner, Stellvertr. Vorstandsmitglied der Ruhrgas-A.G., Essen
Entwicklungstendenzen der Gaserzeugung

Heft 20:
M. Zvegintzov
Wissenschaftliche Forschung und die Auswertung ihrer Ergebnisse. Ziel und Tätigkeit der National Research Development Corporation
Dr. Alexander King, Department of Scientific & Industrial Research, London
Wissenschaft und internationale Beziehungen

Heft 21:
Prof. Dr. phil. Robert Schwarz, Aachen
Wesen und Bedeutung der Silicium-Chemie
Prof. Dr. Kurt Alder, Universität Köln
Fortschritte in der Synthese von Kohlenstoffverbindungen

Heft 21 a
Jahresfeier der Arbeitsgemeinschaft für Forschung des Landes Nordrhein-Westfalen am 21. 5. 1952 in Düsseldorf mit Ansprachen des Herrn Bundespräsidenten Professor Dr. Theodor Heuss, des Herrn Ministerpräsidenten Arnold, Frau Kultusminister Teusch, der Herren Professor Dr. Hahn, Professor Dr. Strugger, Vizepräsident Dobbert, Professor Dr. Richter, Professor Dr. Fucks.

Heft 22:
Prof. Dr. Johannes von Allesch, Universität Göttingen
Die Bedeutung der Psychologie im öffentlichen Leben
Prof. Dr. med. Otto Graf, Max-Planck-Institut für Arbeitsphysiologie, Dortmund
Triebfedern menschlicher Leistung

Heft 23:
Prof. Dr. phil. Dr. jur. h. c. Bruno Kuske, Universität Köln
Probleme der Raumforschung
Prof. Dr. Dr.-Ing. e. h. Prager
Städtebau und Landesplanung

Heft 24:
Prof. Dr. Rolf Danneel, Universität Bonn
Über die Wirkungsweise der Erbfaktoren
Prof. Dr. K. Herzog, Medizinische Akademie Düsseldorf
Bewegungsbedarf der menschlichen Gliedmaßengelenke bei der Berufsarbeit

Heft 25:
Prof. Dr. O. Haxel, Heidelberg
Energiegewinnung aus Kernprozessen
Dr. Dr. Max Wolf, Düsseldorf
Gegenwartsprobleme der energiewirtschaftlichen Forschung

Heft 26:
Prof. Dr. Friedrich Becker, Universität Bonn
Ultrakurzwellen aus dem Weltraum, ein neues Forschungsgebiet der Astronomie
Dozent Dr. H. Straßl, Bonn
Bemerkenswerte Doppelsterne und das Problem der Sternentwicklung

Heft 27:
Prof. Dr. Heinrich Behnke, Universität Münster
Der Strukturwandel der Mathematik in der ersten Hälfte des 20. Jahrhunderts
Prof. Dr. E. Sperner, Bonn
Eine mathematische Analyse der Luftdruckverteilungen in großen Gebieten

Heft 28:
Prof. Dr. O. Niemczyk, Aachen
Die Problematik gebirgsmechanischer Vorgänge im Steinkohlenbergbau
Prof. Dr. W. Ahrens, Krefeld
Die Bedeutung geologischer Forschung für die Wirtschaft, besonders in Nordrhein-Westfalen

Heft 29:
Prof. Dr. B. Rensch, Münster
Das Problem der Residuen bei Lernleistungen
Prof. Dr. H. Fink, Köln
Über Leberschäden bei der Bestimmung des biologischen Wertes verschiedener Eiweiße von Mikroorganismen

Heft 30:
Prof. Dr.-Ing. F. Seewald, Aachen
Forschungen auf dem Gebiete der Aerodynamik
Prof. Dr.-Ing. K. Leist, Aachen
Forschungen in der Gasturbinentechnik

Heft 31:
Direktor Dr. F. Mietzsch, Wuppertal
Chemie und wirtschaftliche Bedeutung der Sulfonamide
Prof. Dr. G. Domagk, Wuppertal
Die experimentellen Grundlagen der Chemotherapie der bakteriellen Infektionen

Heft 32:
Prof. Dr. Hans Braun, Universität Bonn
Die Verschleppung von Pflanzenkrankheiten und -schädlingen über die Welt
Prof. Dr. Wilhelm Rudorf, Max-Planck-Institut für Züchtungsforschung, Voldagsen
Der Beitrag von Genetik und Züchtung zur Bekämpfung von Viruskrankheiten der Nutzpflanzen

Heft 33:
Prof. Dr.-Ing. V. Aschoff, Aachen
Probleme der elektroakustischen Einkanalübertragung
Prof. Dr.-Ing. H. Döring, Aachen
Erzeugung und Verstärkung von Mikrowellen

Heft 34:
Geheimrat Prof. Dr. Rudolf Schenck, Aachen
Bedingungen und Gang der Kohlenhydratsynthese im Licht
Prof. Dr. Emil Lehnartz, Universität Münster
Die Endstufen des Stoffabbaus im Organismus

Heft 35:
Prof. Dr.-Ing. H. Schenk, Aachen
Gegenwartsprobleme der Eisenindustrie in Deutschland
Prof. Dr.-Ing. E. Piwowarsky, Aachen
Gelöste und ungelöste Probleme des Gießereiwesens

Heft 36:
Prof. Dr. W. Riezler, Bonn
Teilchenbeschleuniger
Prof. Dr. med. G. Schubert, Hamburg
Anwendung neuer Strahlenquellen in der Krebstherapie

Heft 37:
Prof. Dr. F. Lotze, Münster
Probleme der Gebirgsbildung
Bergwerksdirektor Bergassessor a. D. Rauschenbach, Essen
Die Erhaltung der Förderungskapazität des Ruhrbergbaues auf lange Sicht

Heft 38:
Dr. E. C. Cherry, D. Sc., A.M.I.E.E., London
Cybernetics
Prof. Dr. E. Pietsch, Clausthal-Zellerfeld
Dokumentation und mechanisches Gedächtnis — zur Frage der Ökonomie der geistigen Arbeit

Heft 39:
Dr. H. Haase, Hamburg
Infrarot und seine technischen Anwendungen
Prof. Dr. A. Esau, Aachen
Die Bedeutung des Ultraschalls für technische Anwendungsgebiete

Heft 40:
Bergassessor F. Lange, Bochum-Hordel
Die wissenschaftliche und soziale Bedeutung der Silikose im Bergbau
Prof. Dr. W. Kikuth, Düsseldorf
Die Entstehung der Silikose und ihre Verbreitungsmaßnahmen

Heft 40a:
Prof. Dr. E. Groß, Bonn
Berufskrebs und Krebsforschung
Prof. Dr. H. W. Knipping, Köln
Die Situation der Krebsforschung vom Standpunkt der Klinik und des praktischen Arztes

Geisteswissenschaften

Heft 1:
Prof. Dr. W. Richter, Bonn
Die Bedeutung der Geisteswissenschaften für die Bildung unserer Zeit
Prof. Dr. J. Ritter, Münster
Die aristotelische Lehre vom Ursprung und Sinn der Theorie

Heft 2:
Prof. Dr. J. Kroll, Köln
Elysium
Prof. Dr. G. Jachmann, Köln,
Die vierte Ekloge Vergils

Heft 3:
Prof. Dr. H. E. Stier, Münster
Die klassische Demokratie

Heft 4:
Prof. Dr. W. Caskel, Köln
Lihjan und Lihjanisch. Sprache und Kultur eines früharabischen Königreiches

Heft 5:
Prof. Dr. Th. Ohm, Münster
Stammesreligionen im südlichen Tanganyika-Territorium. — Religionswissenschaftliche Ergebnisse meiner Ostafrikareise 1951

Heft 6:
Prälat Prof. Dr. G. Schreiber, Münster
Deutsche Wissenschaftspolitik von Bismarck bis zum Atomphysiker Otto Hahn

Heft 7:
Prof. Dr. W. Holtzmann, Bonn
Das mittelalterliche Imperium und die werdenden Nationen

Heft 8:
Prof. Dr. W. Caskel, Köln
Die Bedeutung der Beduinen in der Geschichte der Araber

Heft 9:
Prälat Prof. Dr. G. Schreiber, Münster
Iroschottische und angelsächsische Kultureinflüsse im Mittelalter

Heft 10:
Prof. Dr. P. Rassow, Köln
Forschungen zur Reichsidee im 16. und 17. Jahrhundert

Heft 11:
Prof. Dr. H. E. Stier, Münster
Roms Aufstieg zur Weltherrschaft

Heft 12:
Prof. Dr. D. K. H. Rengstorf, Münster
Zum Problem der Gleichberechtigung zwischen Mann und Frau auf dem Boden des Urchristentums
Prof. Dr. H. Conrad, Bonn,
Grundprobleme einer Reform des Familienrechts

Heft 13:
Professor Dr. Max Braubach, Bonn,
Der Weg zum 20. Juli 1944 — Ein Forschungsbericht

Heft 14:
Prof. Dr. Paul Hübinger, Münster
Das deutsch-französische Verhältnis und seine mittelalterlichen Grundlagen

Heft 15:
Prof. Dr. Franz Steinbach, Bonn
Der geschichtliche Weg des wirtschaftenden Menschen in die soziale Freiheit und politische Verantwortung

Heft 16:
Prof. Dr. Josef Koch, Köln
Die Ars coniecturalis des Nikolaus von Cues

Heft 17:
Dr. James B. Conant,
U.S.-Hochkommissar für Deutschland
Staatsbürger und Wissenschaftler
Prof. Dr. D. Karl Heinrich Rengstorf, Münster
Antike und Christentum

Heft 18:
Prof. Dr. Richard Alewyn, Köln
Klopstocks Publikum

Heft 19:
Prof. Dr. Fritz Schalk, Köln
Das Lächerliche in der französischen Literatur des Ancien Regime

Heft 20:
Prof. Dr. Ludwig Raiser, Bad Godesberg
Präsident der Deutschen Forschungsgemeinschaft
Rechtsfragen der Mitbestimmung

Heft 21:
Prof. D. Martin Noth, Bonn
Das Geschichtsverständnis der alttestamentlichen Apokalyptik

Heft 22:
Prof. Dr. Walter F. Schirmer, Bonn
Glück und Ende der Könige in Shakespeares Historien

Heft 23:
Prof. Dr. Günther Jachmann, Köln
Der homerische Schiffskatalog und die Ilias

Heft 24:
Prof. Dr. Theodor Klauser, Bonn
Die römischen Petrustraditionen im Lichte der neuen Ausgrabungen unter der Peterskirche

Heft 25:
Prof. Dr. Hans Peters, Köln
Der Grundsatz der Gewaltentrennung in heutiger Sicht

If you have any concerns about our products,
you can contact us on
ProductSafety@springernature.com

In case Publisher is established outside the EU,
the EU authorized representative is:
**Springer Nature Customer Service Center GmbH
Europaplatz 3, 69115 Heidelberg, Germany**

Printed by Libri Plureos GmbH
in Hamburg, Germany